U0307027

"十三五"国家重点图书出版规划项目
湖北省公益学术著作出版专项资金资助项目
智能制造与机器人理论及技术研究丛书
总主编 丁汉 孙容磊

现代机器人系统仿真

夏泽洋◎著

XIANDAI JIQIREN XITONG FANGZHEN

华中科技大学出版社
http://www.hustp.com
中国·武汉

内 容 简 介

机器人系统仿真一直是机器人理论、技术及应用研究的重要及基础性内容之一。刚体机器人、软体机器人和刚软混杂机器人三类机器人系统因物理属性差异,其数学描述、建模方法和相应的仿真方法也存在明显差异。本书按照"理论及方法建立—功能模块及平台实现—典型仿真案例实现及演示"的思路,系统介绍了刚体机器人、软体机器人和刚软混杂机器人三类机器人系统的建模及仿真方法。

本书内容及所述方法适用于解决目前常见的机器人操作仿真问题,既可用于相关研究及技术人员的研究及开发参考,也可作为相关领域的研究生及高年级本科生专业用书。本书中仿真案例的源代码可供下载以供研究及学习用。

图书在版编目(CIP)数据

现代机器人系统仿真/夏泽洋著. —武汉:华中科技大学出版社,2021.6
(智能制造与机器人理论及技术研究丛书)
ISBN 978-7-5680-7125-3

Ⅰ.①现… Ⅱ.①夏… Ⅲ.①机器人控制-系统仿真 Ⅳ.①TP273

中国版本图书馆 CIP 数据核字(2021)第 085157 号

现代机器人系统仿真   夏泽洋 著
Xiandai Jiqiren Xitong Fangzhen

策划编辑:俞道凯
责任编辑:程 青
封面设计:原色设计
责任监印:周治超
出版发行:华中科技大学出版社(中国·武汉)   电话:(027)81321913
         武汉市东湖新技术开发区华工科技园   邮编:430223
录 排:武汉市洪山区佳年华文印部
印 刷:湖北新华印务有限公司
开 本:710mm×1000mm 1/16
印 张:11.5
字 数:200 千字
版 次:2021 年 6 月第 1 版第 1 次印刷
定 价:98.00 元

本书若有印装质量问题,请向出版社营销中心调换
全国免费服务热线:400-6679-118 竭诚为您服务
版权所有 侵权必究

智能制造与机器人理论及技术研究丛书

专家委员会

主任委员 熊有伦（华中科技大学）

委　　员 （按姓氏笔画排序）

卢秉恒（西安交通大学）　　朱　荻（南京航空航天大学）　　阮雪榆（上海交通大学）

杨华勇（浙江大学）　　　　张建伟（德国汉堡大学）　　　　邵新宇（华中科技大学）

林忠钦（上海交通大学）　　蒋庄德（西安交通大学）　　　　谭建荣（浙江大学）

顾问委员会

主任委员 李国民（佐治亚理工学院）

委　　员 （按姓氏笔画排序）

于海斌（中国科学院沈阳自动化研究所）　　　　王飞跃（中国科学院自动化研究所）

王田苗（北京航空航天大学）　　　　　　　　　尹周平（华中科技大学）

甘中学（宁波市智能制造产业研究院）　　　　　史铁林（华中科技大学）

朱向阳（上海交通大学）　　　　　　　　　　　刘　宏（哈尔滨工业大学）

孙立宁（苏州大学）　　　　　　　　　　　　　李　斌（华中科技大学）

杨桂林（中国科学院宁波材料技术与工程研究所）　张　丹（北京交通大学）

孟　光（上海航天技术研究院）　　　　　　　　姜钟平（美国纽约大学）

黄　田（天津大学）　　　　　　　　　　　　　黄明辉（中南大学）

编写委员会

主任委员 丁　汉（华中科技大学）　　孙容磊（华中科技大学）

委　　员 （按姓氏笔画排序）

王成恩（上海交通大学）　　方勇纯（南开大学）　　　　史玉升（华中科技大学）

乔　红（中国科学院自动化研究所）　孙树栋（西北工业大学）　　杜志江（哈尔滨工业大学）

张定华（西北工业大学）　　张宪民（华南理工大学）　　范大鹏（国防科技大学）

顾新建（浙江大学）　　　　陶　波（华中科技大学）　　韩建达（南开大学）

蔺永诚（中南大学）　　　　熊　刚（中国科学院自动化研究所）　熊振华（上海交通大学）

作者简介

▶ **夏泽洋**　中国科学院深圳先进技术研究院软体机器人研究中心主任，研究员，博士生导师。于2002年获得上海交通大学学士学位，2008年获得清华大学博士学位，之后在新加坡及美国工作，2012年回国加入中国科学院深圳先进技术研究院。研究方向为机器人与生物力学，致力于软体机器人、医疗机器人及生物力学、多模机器人操作及控制的研究。主持了国家自然科学基金联合基金重点支持项目、国家重点研发计划"政府间国际科技创新合作"重点专项、广东省自然科学基金杰出青年项目、广东省重大科技专项项目等重要项目20余项。在重要国际期刊及会议上发表论文100余篇，申请专利60余项，曾获2017年"吴文俊人工智能自然科学奖"、2019年"熊有伦智湖优秀青年学者奖"和2018年"中国电子学会优秀科技工作者"，相关工作多次被《中国科学报》等媒体专题报道。夏博士是英国工程技术学会会士（IET Fellow），*IEEE/ASME Transactions on Mechatronics*编委，2019年IEEE RCAR（实时计算与机器人学）国际会议总主席。还担任了中国电子学会青年科学家俱乐部2021年轮值主席，中国电子学会嵌入式系统与机器人分会青年副主任委员，中国职业技术教育学会理事兼学术委员会委员，中国自动化学会机器人专业委员会委员和共融机器人专业委员会委员、中国仿真学会机器人系统仿真专业委员会委员，广东省人工智能与机器人学会理事，广东省医学会医学人工智能分会常务委员，也是中国科学院青年创新促进会优秀会员。

 # 总序

　　近年来,"智能制造＋共融机器人"特别引人瞩目,呈现出"万物感知、万物互联、万物智能"的时代特征。智能制造与共融机器人产业将成为优先发展的战略性新兴产业,也是"中国制造2049"创新驱动发展的巨大引擎。值得注意的是,智能汽车与无人机、水下机器人等一起所形成的规模宏大的共融机器人产业,将是今后30年各国争夺的战略高地,并将对世界经济发展、社会进步、战争形态产生重大影响。与之相关的制造科学和机器人学属于综合性学科,是联系和涵盖物质科学、信息科学、生命科学的大科学。与其他工程科学、技术科学一样,制造科学、机器人学也是将认识世界和改造世界融合为一体的大科学。20世纪中叶,*Cybernetics*与*Engineering Cybernetics*等专著的发表开创了工程科学的新纪元。21世纪以来,制造科学、机器人学和人工智能等领域异常活跃,影响深远,是"智能制造＋共融机器人"原始创新的源泉。

　　华中科技大学出版社紧跟时代潮流,瞄准智能制造和机器人的科技前沿,组织策划了本套"智能制造与机器人理论及技术研究丛书"。丛书涉及的内容十分广泛。热烈欢迎各位专家从不同的视野、不同的角度、不同的领域著书立说。选题要点包括但不限于:智能制造的各个环节,如研究、开发、设计、加工、成形和装配等;智能制造的各个学科领域,如智能控制、智能感知、智能装备、智能系统、智能物流和智能自动化等;各类机器人,如工业机器人、服务机器人、极端机器人、海陆空机器人、仿生/类生/拟人机器人、软体机器人和微纳机器人等的发展和应用;与机器人学有关的机构学与力学、机动性与操作性、运动规划与运动控制、智能驾驶与智能网联、人机交互与人机共融等;人工智能、认知科学、大数据、云制造、物联网和互联网等。

　　本套丛书将成为有关领域专家、学者学术交流与合作的平台,青年科学家苗壮成长的园地,科学家展示研究成果的国际舞台。华中科技大学出版社将与

施普林格(Springer)出版集团等国际学术出版机构一起,针对本套丛书进行全球联合出版发行,同时该社也与有关国际学术会议、国际学术期刊建立了密切联系,为提升本套丛书的学术水平和实用价值,扩大丛书的国际影响营造了良好的学术生态环境。

近年来,高校师生、各领域专家和科技工作者等各界人士对智能制造和机器人的热情与日俱增。这套丛书将成为有关领域专家学者、高校师生与工程技术人员之间的纽带,增强作者与读者之间的联系,加快发现知识、传授知识、增长知识和更新知识的进程,为经济建设、社会进步、科技发展做出贡献。

最后,衷心感谢为本套丛书做出贡献的作者和读者,感谢他们为创新驱动发展增添正能量、聚集正能量、发挥正能量。感谢华中科技大学出版社相关人员在组织、策划过程中的辛勤劳动。

华中科技大学教授

中国科学院院士

熊有伦

2017 年 9 月

 前言

　　机器人系统仿真一直是机器人理论、技术及应用研究的重要及基础性内容之一。随着机器人应用领域及环境的拓展，机器人系统已经从经典的制造环境下机器人系统向更多类别的现代机器人系统发展。从结构刚度这一物理属性出发，现有机器人系统一般可分为刚体机器人系统、软体机器人系统及刚软混杂机器人系统三类。上述三类机器人系统因其物理属性的不同，在数学描述及建模方法方面存在明显差异，因此需要建立相应的仿真方法及平台。

　　围绕现代机器人系统的仿真，本书按照"理论及方法建立—功能模块及平台实现—典型案例演示"的思路，系统介绍了刚体机器人系统、软体机器人系统及刚软混杂机器人系统的仿真方法。本书第1章主要介绍现代机器人系统仿真的基本概念，包含机器人系统仿真的基本目标、常见的机器人仿真工具与仿真平台以及三类机器人系统仿真任务。第2章系统介绍了刚体机器人系统的仿真方法，重点介绍了如何基于经典刚体理论实现模型创建、运动学求解、运动规划与控制等基本仿真功能。第3章介绍了刚软混杂机器人系统仿真方法，重点介绍了如何在前述刚体机器人仿真平台下实现刚软混杂机器人系统仿真，包含系统中软体对象的建模方法、形态描述和主动的驱动激励仿真。第4章介绍了软体机器人系统的仿真方法，重点介绍了一种基于有限元的软体机器人仿真方法，并给出了一种纯气动软体机器人的仿真方法。第5章以著者前期项目研究中的若干典型机器人系统为例，详细展示了如何基于现有机器人操作系统实现多类现代机器人系统仿真的方法和平台设计、功能开发和实验测试。在介绍现代机器人系统仿真时，上述各章节重点突出了对机器人操作仿真方法的介绍。

机器人的应用领域及环境仍然在深入发展及快速拓展之中,因此本书虽致力于通过上述内容来全面及系统地展示现代机器人系统仿真的内涵,但仍然难以做到涵盖所有的应用类别。相信在面对新的机器人仿真问题时,读者能够在掌握上述三大类别机器人系统仿真的基本思想和基本方法的基础上,通过分析仿真目标、分解仿真任务,建立自己的机器人系统仿真方法和平台。

另外,软体机器人系统的仿真仍然是一个有挑战性的领域,在如何实现高保真、高效率的软体机器人系统仿真和如何建立适用于不同激励驱动与控制的仿真引擎等方面仍需深入研究。希望本书能够推动同行在上述方向上坚持不懈地开展研究和探索,这也是著者总结研究团队前期研究及应用积累,撰写这本专著的初衷之一。

本书集中了著者及其科研团队历年来在机器人系统仿真方面取得的系列研究及应用成果,凝聚了团队的集体努力和智慧。本书的成果得到了多个项目的支持,包括国家自然科学基金面上项目(61773365)、国家自然科学基金联合基金项目(U2013205)、国家重点研发计划"政府间国际科技创新合作"重点专项(2016YFE0128000)、国家自然科学基金青年科学基金项目(51305436)、广东省重大科技专项项目(2014B090919002)、广东省自然科学基金杰出青年项目(2015A030306020)、中国科学院青年创新促进会优秀会员项目(Y201968)、深圳市海外高层次人才创新创业专项资金项目(KQCX20130628112914284)、深圳市基础研究学科布局项目(JCYJ20170413162458312)。著者科研团队的邓豪、陈君、钱伟、侯文国、张茜卓参与了本书的撰写工作,其中邓豪为本书的统稿及校核做了大量的工作。除上述人员外,翁少葵、甘阳洲、郭杨超、李煌、王小军、张雪在著者指导下参与了与本书内容相关的项目或论文研究工作。熊璟也为本书的撰写提供了诸多有益建议。在此一并谨致诚挚谢意!

因著者的水平和时间有限,且现代机器人系统还处于快速发展变化之中,书中难免有不少不妥、疏漏甚至错误之处,恳请各位专家及读者不吝批评指正。

夏泽洋

2021 年 4 月于深圳

目录

第 1 章
机器人系统仿真概述

1.1 引言

随着工业自动化和计算机技术的迅猛发展,通过计算机实现各类机器人系统的仿真,已成为机器人系统研发和应用工作中一种必不可少的手段。机器人系统仿真的本质是利用机器人学理论模型复现实际系统中将会发生的现象,并通过计算机图形学方法对其进行显示,以确定机器人本体与工作环境的动态变化过程。当前,随着机器人技术的发展及其应用的多样化,机器人研究的开展不可避免地受到物理或者经济条件的限制,我们难以在每次开展研究操作前都直接购买实体的机器人,或者在完成机器人系统设计方案论证前直接制造组装样机。仿真的主要意义不是取代实际硬件,而在于提供一个一致性较好、不确定因素可控的评估环境和与实际等效的操作效果,以最终缩短系统和技术研发的周期。

本章主要介绍当前机器人仿真研究的概况,具体包括机器人仿真工具/仿真器简介、本书研究内容所基于的机器人仿真平台,以及面向机器人操作应用的仿真任务分类。

1.2 机器人仿真工具

机器人仿真工具是实现机器人仿真的软件套件,也被称为仿真器(Simulator),而广义上的仿真工具还包括一些可视化工具(Visualizer)。仿真器是每个机器人研究人员必不可少的工具[1]。一个好的仿真器可以用于设计机器人系统,使用现实场景快速测试算法或进行离线训练。仿真器主要模拟实现以下三种对象类型:

1)机器人系统及其工作环境

机器人仿真器的基础功能之一是实现对机器人系统(包括机器人本体及其

他任何需要的硬件单元,如传感器、末端执行器等)及其工作环境的三维建模和渲染。借助基于计算机图形学方法的工具库(如 OpenGL、VTK、Blender 等),几乎所有的仿真器都支持直接导入机器人系统的三维模型文件(如主流的.stl、.stp、.dea 等格式)来创建虚拟环境,并模拟实际机器人在工作范围约束内的运动。而工作环境的模拟则包括两个层次:简单环境模拟,需实现环境内静态对象(如搬运机器人所处仓储运行环境中的物体,仿人机器人所处家居环境中的家具、楼梯等)或简单运动(不需要满足特定物理规律约束)对象的三维建模和渲染;复杂环境模拟,需要物理引擎(如 ODE、Bullet、PhysX 等)的支持,更真实地生成环境的交互现象,如重力、碰撞、弹性形变等。

2)机器人系统的运动学和动力学特性

建立机器人系统的运动学和动力学描述,是实现机器人离线编程、模拟与世界交互的前提。大部分机器人操作应用中,仿真任务关注的是机器人本体(机械臂)的运动,包括涉及所有与运动有关的几何参数和时间参数的运动学,以及操作臂的运动与使之运动而施加的力和力矩之间的关系的动力学。几乎所有的机器人仿真器都能够基于运动学描述(如 Denavit-Hartenberg 参数表)建立运动学方程,并基于运动学方程开发调试机器人的运动规划算法和轨迹控制程序,最终实现平面二维运动、三维任务空间内的笛卡儿运动,或者机械臂关节点运动等;少部分机器人仿真器,在此基础上,借助物理引擎还能够实现更真实的机器人动力学仿真,如力位控制等。

3)机器人传感器

常见机器人系统所配置的传感器包括关节位置(一般为编码器)、速度、加速度、力、视觉、距离、激光雷达、温度、声音等传感器。少数仿真软件能够对上述多类传感器进行虚拟,以适用于基于感知反馈运动控制的机器人应用,这类应用中,离线编程的成功往往取决于仿真环境与机器人实际环境的相似程度。

1.2.1 常用的机器人仿真器

目前,从带有许可费的商业软件到免费的开源工具,有许多仿真工具可供选择。而从用于机器人应用研究的调研来看,机器人仿真器一般有三类:

第一类仿真器由机器人厂商提供。这类仿真器常可随机器人本体一起被购买或赠送,一般也称为机器人开发套件(robotics development suit,RDS)或者应用程序开发套件(software development kit,SDK)。绝大部分开发套件仅面向自有品牌机器人,如 ABB 的 RobotStudio、Kuka 的 SimPro、Fanuc 的 Roboguide、Motoman 的 MotoSim 等(见图 1-1)。这些套件中一般包含全系列机器人三维模型、与机器人控制器的通信连接、三维可视化图形界面和集成式开发环境（integrated development environment，IDE）等资源和工具。原厂RDS/SDK 除提供较高的控制器通信和控制权限外，还提供较完善的开发例程、API 说明、代码调试和控制器上载等实用功能。这些套件一般运行于个人计算机或工作站，少数可运行于移动平板或机器人示教盒。

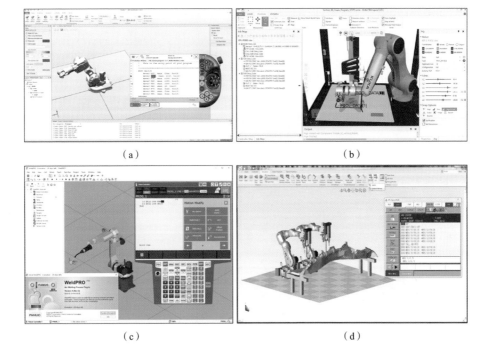

图 1-1　机器人厂商提供的专用仿真器

（a）ABB RobotStudio[2]；（b）Kuka SimPro[3]；（c）Fanuc Roboguide[4]；（d）Motoman MotoSim[5]

　　第二类仿真器基于通用商业化仿真软件或基于这类软件的第三方开发。这类仿真器一般是软件内置的附加功能模块或第三方基于软件功能自行实现的插件，如：澳大利亚 Peter Corke 等基于美国 MathWorks 公司的商业数学软件MATLAB 开发的集成机器人建模、仿真等功能的工具箱（Robotics System Toolbox）[6]，Robotics System Toolbox 极大地简化了机器人学初学者的代码量，使其可以将注意力放在算法应用上而不是基础而烦琐的底层模型实现上[7]；基于美国机械动力公司（Mechanical Dynamics Inc.，已并入美国 MSC 公司）开发的机械系统动力学自动分析（automatic dynamic analysis of mechanical systems，ADAMS)软件[8]可实现机器人虚拟样机的运动学、动力学分析及机械臂的轨迹规划，并能配合 MATLAB 使用，实现更为复杂的程序控制；其他可用于仿真的软件，如法国达索系统子公司开发的三维 CAD 软件 SolidWorks 中内置的 Motion 模块[9]，可实现简单的运动学仿真。

第三类是面向通用性问题的机器人软件开发工具包或来自开源机器人社区的仿真器。这类仿真器设计和开发的初衷是为机器人仿真任务中的基础通用性问题提供系统的框架，以期望任何复杂的机器人应用均可以基于此进行二次开发。常用的有 MRDS、Gazebo、V-REP、Webots 等(见图 1-2)，其中，MRDS (Microsoft Robotics Developer Studio)是美国 Microsoft 公司开发的免费机器人开发工具包，该软件基于 Windows 操作系统开发，可利用微软的 C♯ 语言借助 Visual Studio 集成开发环境使用。MRDS 包括可视化编程语言、机器人服务和机器人仿真三个主要部分，提供了包括 Kinect 在内的服务机器人硬件的仿真支持[14]。Gazebo 是一款开源的高保真仿真器，该工具是一个通用的多机器

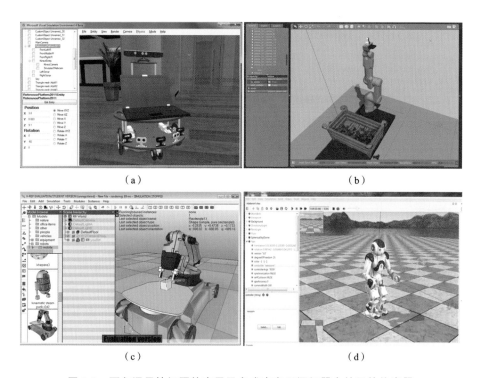

(a)　　　　　　　　　　　　　(b)

(c)　　　　　　　　　　　　　(d)

图 1-2　面向通用性问题的应用平台或来自开源机器人社区的仿真器

(a) Microsoft Robotics Developer Studio[10]；(b) Gazebo[11]；

(c) Virtual Robot Experiment Platform[12]；(d) Webots[13]

人仿真器,支持多种机器人、多种类型的传感器以及物理仿真引擎[15]。该软件兼容开源机器人操作系统(robotic operation system,ROS),具备强大的物理环境模拟功能、高质量的图形和丰富的图形界面工具,且便于编程。V-REP(Virtual Robot Experiment Platform)是由 Coppelia Robotics 开发的面向教育免费的仿真器,支持 Bullet、ODE 和 Vortex(用于流体仿真)引擎[16],相比于 Gazebo,V-REP 内集成了大量的常见模型,建模更加简单,同时 V-REP 也兼容 ROS。Webots 是 Cyberbotics 开发的商业化仿真软件(现已开源),功能直观,集成了上述两个仿真软件平台的优点,支持多编程语言且与 ROS 兼容。

除上述仿真器之外,还有一类基于 OpenGL 等开放图形库开发的轻量化可视化工具,如 ROS 自带的 Rviz、Bullet 自带的可视化界面等,它们可用于传感器等的数据、对象模型及其他实时状态信息的快速可视化。

下面将重点对上述仿真工具中具有代表性的 Gazebo、Webots 和常用的可视化工具做基本的功能介绍,以便读者能够针对自己的研究任务确定最合适的工具。

1.2.1.1 Gazebo 物理仿真器

Gazebo 最初由南加利福尼亚大学 Andrew Howard 和 Nate Koenig 于 2002 年面向室内高保真机器人操作模拟而创建,Nate Koenig 继续维持 Gazebo 的开发和维护工作。2009 年,Willow Garage 公司的高级研究工程师 John Hsu 基于 ROS 中间层将 PR2 集成到 Gazebo 中,至此 Gazebo 才迅速成为 ROS 社区中最广泛使用的仿真工具之一,随后于 2011 年获得了 Willow Garage 公司的资金支持。2012 年,开源机器人基金会(Open Source Robotics Foundation,OSRF)成为 Gazebo 项目的管理者。开源机器人基金会在多样化活跃的社区的支持下继续开发 Gazebo。在 2013 年 7 月的美国国防部高级研究计划局(Defense Advanced Research Projects Agency,DARPA)机器人挑战赛中,开源机器人基金会基于 Gazebo 仿真器举办了一场虚拟机器人挑战赛(见图 1-3)。

虽然之后 Gazebo 作为应用程序独立于 ROS 发布,但其与 ROS 的兼容性和易用性仍然是相对较好的,其他的显著特征还包括:

1)动力学仿真

Gazebo 支持主流的高性能物理引擎,如 ODE、Bullet、Simbody 和 DART 等[11]。

2)3D 图形渲染

Gazebo 图形显示界面基于 OGRE 游戏渲染引擎创建,可提供逼真的环境渲染,包括高质量的照明、阴影和纹理等(见图 1-4)。

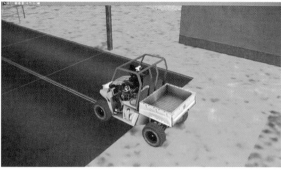

图 1-3　2013 年 DARPA 基于 Gazebo 仿真器的虚拟机器人挑战赛[17]

图 1-4　Gazebo 仿真器中实现的高逼真仿真场景示例[18]

3）虚拟传感器

Gazebo 能够模拟包括激光传感器、2D/3D 摄像头、Kinect 样式的 RGBD 传感器、接触传感器、力/力矩传感器等在内的多类传感器和其他器件，并能够生成可选噪声的传感器数据。

4）开源性及开发友好性

Gazebo 是 Apache 2.0 协议的开源项目，研究人员能够基于源代码进行二次编译；用户可开发用于机器人、传感器和环境控制的自定义插件，插件可直接访问 Gazebo 的应用程序接口（API）；资源库中已提供了 PR2、Pioneer 2-Dx、iRobot

Create 和 TurtleBot 等机器人以及多种逼真的环境物理模型,用户也可基于 SDF (simulation description format,仿真描述格式文件)创建自己的机器人模型。

Gazebo 能够作为 ROS 默认安装的物理仿真器的原因,不仅与 Gazebo 和 ROS 均由 OSRF 管理所带来的非常好的开源性、兼容性有关(在这一点上, Gazebo 优于其最大的竞争产品 V-REP,虽然 V-REP 内集成了大量的常见模型,建模更加简单,也兼容 ROS),而且在于 Gazebo 能够基于多类物理引擎实现高逼真的动力学仿真。虽然 Gazebo 功能强大,但不可否认的是,其易用性不高,也需要一定的学习成本。本书后续章节介绍的机器人系统仿真示例的大部分都将基于 Gazebo 来实现。

1.2.1.2 Webots 物理仿真器

Webots 项目始于 1996 年,最初由洛桑联邦理工学院(EPFL)的 Olivier Michel 博士开发,从 1998 年开始由 Cyberbotics 公司完成进一步的开发和商业化,并作为专有许可软件发行,2018 年 12 月 1 日起,根据 Apache 许可证免费发布。同时 Cyberbotics 公司也凭借付费的客户支持、培训、行业和学术研究项目咨询继续发展 Webots。与大多数物理仿真器类似,Webots 中包括大量可自由修改的机器人、传感器、执行器和对象模型,用以搭建自己的仿真场景(见图1-5)。此外,使用人员也可以自己从头开始构建新模型,或从三维 CAD 软件中导入新模型。Webots 使用 ODE 开放式动力学引擎的分支来检测碰撞和模拟刚体动力学,并同样支持 C、C++、Python、ROS、Java 和 MATLAB 等多种开发语言。

图 1-5　Webots 仿真器中实现的高逼真仿真场景示例[19,20]

由于 Webots 开源时间比较晚,因此在国内的市场占有率较低。同时,相比于其他仿真器,其官网的支持文档和社区资源都不算完善,使用 Webots 的开发者不是很多。但在一些细分的机器人应用场景中,如仿人机器人(软银系列的 NAO、Pepper 等)、自动驾驶(Webots for automobiles)等,Webots 凭借其高逼真的场景、强大的 API 支持和简单易用等特性具备明显的优势。

1.2.1.3　可视化仿真工具

除了实现真实物理场景的仿真外，在机器人系统中还存在大量数据，这些数据在产生和计算过程中往往都处于数据形态，而数据形态的值往往不利于开发者直观地感受其所描述的内容。因此，在一些机器人系统仿真任务中，开发者可能并不需要实现高逼真的物理场景仿真，而只希望将复杂多模的数据动态可视化显示，例如机器人运动学模型、图像数据、地图数据、位置轨迹、力/力矩数据、点云数据等。

针对上述需求，ROS 为用户提供了一款功能全面的三维可视化工具——Rviz。在 Rviz 中，开发人员可以使用.xml 格式文件对机器人、环境等任何实物进行尺寸、质量、位置、材质、关节等属性的描述，并且在界面中呈现出来。同时，Rviz 还可以通过图形化的方式实时显示机器人传感器信息、机器人运动状态、场景环境的变化等，也可以通过菜单、按钮等控件实现与用户的实时交互（见图 1-6）。Rviz 的具体使用，包括各种数据类型的显示，将在后续的实例中具体阐述。

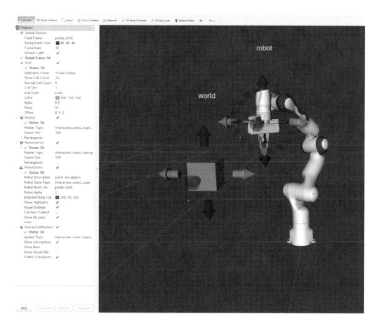

图 1-6　Rviz 三维可视化仿真工具场景示例

其他可视化仿真工具还包括 Robotics Toolbox for Python、Bullet/pyBullet 等,它们都能够实现特定的机器人开发过程中的可视化功能,且多基于 Python 语言开发,能够使用常用的工具包(如线性代数的 numpy、scipy 等包,图形的 matplotlib、three.js、OpenGL、OpenCL、WebGL 等包以及交互式开发的 jupyter、jupyterlab、mybinder.org 等包),具备较好的可移植性和扩展性。因篇幅限制,这些仿真工具的具体使用本书不做过多的介绍和叙述。

1.2.2 物理引擎

在上述物理仿真器的介绍中,我们多次提到物理引擎的概念。初学者可能会疑惑:什么是物理引擎? 为什么需要物理引擎? 实际上,物理引擎最初是为大型复杂场景游戏开发的,一般通过赋予对象真实的物理属性(动量、扭矩)来计算模拟对象的运动、旋转和碰撞反应。使用物理引擎,仿真器能够实现比较复杂的物体碰撞、滚动、滑动、弹跳以及非刚性对象的形变等。未使用物理引擎的仿真器,也可以实现对象的运动,但一般通过预定的脚本实现控制对象在仿真环境内的运动轨迹或形态。

这里以一个仿真任务来说明,该任务中机械手需根据视觉识别定位结果抓取放置在容器 A 中的玻璃球,随后将其放置在另一个指定的容器 B 中。其中,玻璃球为被操作对象,其位姿状态的改变在机械手接触前和放置后与容器的位置相关,而在抓取后与机械手的位置相关。未使用物理引擎时,仿真器只能通过条件判断变更与父节点坐标系的约束关系来实现该任务。如在机械手接触前和放置后,玻璃球位于容器坐标系下;而抓取后,玻璃球将位于机械手末端坐标系下,机械手"带着"玻璃球一起运动。这种实现方式存在的问题在于,当视觉识别定位存在误差导致抓取不稳定,甚至玻璃球掉落时,仿真器并不能够模拟这种情况的发生,玻璃球依旧按照预先设计的脚本来运动,出现玻璃球未被夹持稳定而"悬空飞行"的现象。而有了物理引擎,玻璃球的状态并不需要编写脚本来控制,而是由物理引擎计算的玻璃球的物理状态(如所受重力、摩擦力和外界操作力等)来控制。当出现抓取不稳定时,玻璃球会在重力作用下掉落;当放置脱离速度过快时,玻璃球会与容器 B 发生碰撞,甚至出现弹跳。由此可见,物理引擎是实现高逼真仿真的基础,而物理引擎的背后则是物理规律的计算。

实际上,我们完全可以自己利用脚本来实现物理规律,但更多的时候会选择使用第三方商业发行或开源的物理引擎库,如 Gazebo 所支持的 ODE、Bullet、Simbody 和 DART(见图 1-7)。这将节省大量的开发时间,同时也能够实现更好的功能和性能。根据本书的研究内容需要,下面将简要介绍 ODE(Open Dynamics Engine)和 Bullet 两种物理引擎的基本概念,而具体配置和使用将在后续章节中结合具体仿真应用实例进行说明。

图 1-7　Gazebo 所支持的 ODE、Bullet、Simbody 和 DART 物理引擎[11]

1.2.2.1　物理引擎 ODE

ODE 是一款基于 GNU 和 BSD 协议开源的刚体动力学物理引擎,由 Russell Smith 和多位开源社区贡献者共同开发。ODE 是 Gazebo(Version 1.9 及更高版本)仿真器默认启用的刚体动力学库。

ODE 能很好地仿真现实环境中的可移动物体,并具有两个主要组件:动力学仿真引擎和碰撞检测引擎。基于 ODE 物理引擎创建的典型仿真场景如图 1-8所示。动力学仿真引擎定义了全局动力学场景(dWorld)、本体(dBody)、关节(dJoint)和关节组(dJointGroup)及本体的碰撞形态(dSpace)与几何形态(dGeom)六类数据对象及其对应的操作。ODE 底层基于库仑摩擦模型处理物体之间的接触和摩擦,任何处于动力学场景中的 ODE 本体 dBody 默认处于动力学状态(dynamic state),并满足质量与力、速度和加速度间的牛顿动力学关系;本体 dBody 也可切换到运动学状态(kinematic state),此时本体对象是不可阻挡的,呈现出无限质量的状态,即不会对任何力(如重力、约束或外界施加的力等)做出反应,而只会跟随速度到达下一个位置。支持的关节 dJoint 类型包括球铰关节(ball-socket)、铰链关节(hinge)、滑动关节(slider)、万向关节(universal)、不共轴铰链关节(hinge-2)、滑动转动关节(jointPR)、滑动万向关节(jointPU)、活塞关节(piston)、固定关节(fix)、接触关节(contact)和平面关节(plane-2D),对应实现关节运动的驱动类型包括角度电动机(angular motor,

AMotor)和线性电动机(linear motor,LMotor)[21]。碰撞检测引擎是可选的,当碰撞检测开启时,碰撞检测引擎会加载每个本体的几何形状和位置信息,在每个时间步骤中进行接触和相交检测。

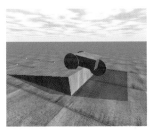

图 1-8　基于 ODE 物理引擎创建的典型仿真场景[21]

1.2.2.2　物理引擎 Bullet

Bullet 是一款基于 zlib 协议开源的刚体和软体动力学物理引擎,主要由当时在索尼电脑娱乐(Sony Computer Entertainment)(美国)研发部门工作的 Erwin Coumans 开发完成,被设计用来处理视频游戏和电影中的视觉效果。Bullet 是 Gazebo(Version 3.0 及更高版本)仿真器可选的刚体和软体动力学库,尤其以能处理软体对象而闻名。

Bullet 的主要任务是执行碰撞检测,通过解算碰撞和其他约束,为所有对象提供更新的世界位姿变换。基于 Bullet 物理引擎创建的典型形变对象仿真场景如图 1-9 所示。与 ODE 相比,Bullet 使用了更先进的计算机技术(如单指令流多数据流(single instruction multiple data,SIMD)向量数学库)和可选性能功能(如多线程和 OpenCL),能够带来成倍的模型数据计算性能提升。此外,Bullet 可以更好地处理硬约束,模拟结果更准确;能够支持 ODE 尚未提供的本体凸包模拟,如不规则对象的高逼真凸包模拟[22]。

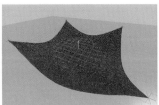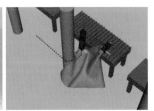

图 1-9　基于 Bullet 物理引擎创建的典型形变对象仿真场景[22,23]

Bullet 刚体和软体的动力学是基于碰撞检测模块实现的,碰撞检测模块定义了基类 btCollisionObject 和 btCollisionWorld 对象。对于刚体对象,Bullet 定义了派生自 btCollisionObject 的本体 btRigidBody,本体赋予运动刚体对象非零质量和惯性,以及线性和角速度,并继承了基类的世界变换、摩擦和初始状态;Bullet 还定义了刚体约束对象 btTypedConstraint 以及包含本体和约束并派生自 btCollisionWorld 的 btDiscreteDynamicsWorld 对象。在本体和约束的定义框架上,Bullet 与 ODE 类似。Bullet 最突出的能力在于其对软体动力学仿真的支持,能够模拟绳索、布料以及体积软体对象的物理行为,并能建立软体、刚体和其他碰撞对象之间的相互作用关系。软体对象没有统一的世界变换,而是对每一个节点/边(node/vertex)的世界变换进行描述。对于软体对象,Bullet 定义了派生自基类 btCollisionObject 的本体 btSoftBody 及包含软体、刚体本体和碰撞对象的 btSoftRigidDynamicsWorld。其中,本体 btSoftBody 可自动通过对象的三角形网格(triangle mesh, TriMesh)数据进行创建。默认情况下,处理软体本体的碰撞时,Bullet 会在顶点(节点)和三角形(面)之间执行碰撞检测,但这需要 TriMesh 足够密集,否则会导致碰撞漏检。此时,Bullet 提供了一种自动分解的凸形可变形簇。此外,Bullet 提供对节点/边的力加载、固定或固连约束。

近些年来,Bullet 在机器人研究中的应用不断凸显,其与强化学习算法的结合使得虚拟环境中的机器人训练和学习成为可能(见图 1-10)。与 Bullet 相类似的,还有另外一款商业化的物理引擎 MuJoCo,如 DeepMind 基于 MuJoCo 开发了强化学习环境 Control Suite[24]。本书对这一部分的研究不再具体展开,读者可查阅相关方向的论文。

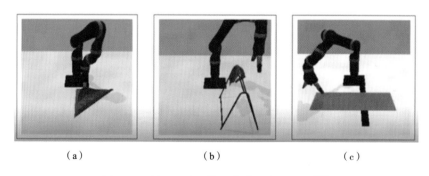

(a)   (b)   (c)

图 1-10 基于 Bullet 的强化学习虚拟训练[25]

(a)对角线折叠操作;(b)悬挂状态操作;(c)部分固定状态操作

需要说明的是,Bullet 拥有基于开放式图形库(open graphics library,OpenGL)的 3D 渲染界面,并不一定需要内建于 Gazebo 仿真器内来完成机器人的仿真。在本书中,将 Bullet 内建于 Gazebo 的原因是,希望通过构建 ROS-Gazebo 集成式平台来兼容全部类型的机器人仿真操作。接下来将重点介绍本书中研究内容所基于的机器人仿真平台 ROS。

1.3 机器人仿真平台

由于实际研究任务或开发项目是复杂、多样的,不同研究人员所独立创建的仿真实例往往是个性化的,具体可表现在:操作系统、仿真平台不一致,使用的开发语言不相同,硬件接口定义不一致,甚至同一功能的编程风格、代码范式也不相同。这些问题最终表现为跨项目间代码的通用性、可移植性极差,极大地影响了研究和技术开发的效率。为此,我们需要一个更通用的机器人仿真框架,它能够实现机器人开发过程中的全部功能,满足全部需求,并对后续新的功能和需求提供持续的支持。在很长一段时间里,少数的仿真器尝试着往这个方向去努力,如前述章节提到的 MRDS、Gazebo、V-REP、Webots,但最终仍只是在其擅长的一些方面取得了一定的进展,未能建立机器人仿真的"生态系统"。

在这个过程中,定位于集大成者的机器人操作系统 ROS 为上述需求提供了解决方案[26]。ROS 的设计思想是构建机器人软件的中间层,具体可表述为"ROS=plumbing+tools+capabilities+ecosystem",即 ROS 是通信机制、工具软件包、机器人高层技能以及机器人生态系统的集合体。ROS 包含了大量直接可用的工具软件、库代码和约定协议,旨在降低跨机器人平台创建复杂、鲁棒的机器人仿真项目这一过程的难度与复杂度。经过多年的发展,ROS 已经成为机器人研究界广泛使用的平台,形成了由全球数以万计的用户组成的、工作范围涵盖从桌面级项目到大型工业自动化系统的完整生态系统。

1.3.1 ROS 发展概况

ROS 是在开放式协作框架和 BSD 开源许可协议下由无数研究人员共同努力创建和维护的大型项目。最初的机器人软件框架原型是在 2007 年 5 月由斯坦福大学的研究人员提出的,包括创建的旨在供机器人灵活使用、动态软件系统的内部原型的斯坦福人工智能机器人(STAIR)和个人机器人(PR)程序。2007 年 11 月,Willow Garage 为个人机器人项目的研究提供了大量资源,早期 ROS 的设计在 Willow Garage 和斯坦福大学进行了多次迭代,以进一步扩展这

些概念并积极构建实现。直到 2009 年初, ROS 0.4 Mango Tango 版本发布,
ROS 才逐渐形成了今天我们所熟悉的框架。同年 6 月, Willow Garage 正式推
出了著名的 PR2 机器人(见图 1-11)。PR2 是一个具备 20 个自由度操作本体和
3 个自由度平面移动底盘,搭载 2D 和 3D 摄像头、惯性传感器、加速度计、指尖
压力传感器等多类感知单元和具有强大机载运算能力的结构复杂但非常典型
的机器人,可实现基于 ROS 的各类自主导航和操作应用的研究。PR2 机器人
的积极意义在于向学术界和产业界生动地展示了 ROS 平台的巨大价值和
潜力。

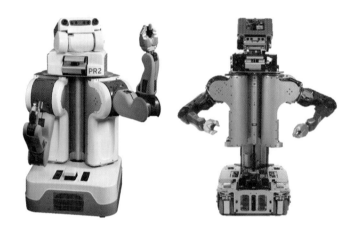

图 1-11　Willow Garage PR2 机器人[27]

Willow Garage 在这期间开展了大量的文档和用户测试工作,并于 2010 年
1 月完成了 ROS 1.0 版本。该版本建立了许多目前仍在使用的组件和应用程
序接口(application programming interface, API)。同年 3 月, Willow Garage
发布了第一个 ROS 发行版 Box Turtle,并建立了 ROS 分发的关键概念,直到今
天我们依旧依赖这种特定的分发模式。

在这之后, ROS 开始借助 Willow Garage 主导下的开源社区迅速迭代分发
版本,以促进功能完善和性能提升。

2010 年 8 月,发行 C Turtle。

2011 年 3 月,发行 Diamondback;同年 4 月,推出低成本的移动机器人硬件
平台 TurtleBot;同年 8 月,发行 Electric Emys。

2012 年 4 月,发行 Fuerte;同年 5 月,在机器人领域旗舰会议 ICRA(IEEE

International Conference on Robotics and Automation)上组织了首届 ROS 开发者大会 ROSCon,并建立了在 ICRA 或 IROS(IEEE/RSJ International Conference on Intelligent Robots and Systems)上召开 ROS 开发者大会的传统;同年 9 月,Rethink Robotics 公司发布了基于 ROS 的工业协作型机器人 Baxter,这是继 PR2 和 TurtleBot 之后完全兼容 ROS 的机器人硬件平台;同年 12 月,发行 Groovy Galapagos。

2013 年 2 月,开源机器人基金会 OSRF 接替 Willow Garage,并负责 ROS 核心开发和维护;同年 3 月,由西南研究所(Southwest Research Institute)牵头成立联盟推出 ROS-Industrial,为生产环境中使用的工业机器人提供 ROS 支持;同年 9 月,发行 Hydro Medusa。

从 Hydro Medusa 版本开始,ROS 的整体框架、功能、API 及其开发文档均已经非常完整且稳定。同时,由于 ROS 在各研究和应用中的不断深入,在每个具体的项目中,个性化定制的功能模块逐渐增多,包括硬件接口等,已经不再允许出现大的底层变动,ROS 版本的迭代开始保持 1 年 1 次的常规更新。

2014 年 7 月,发行 Indigo Igloo。

2015 年 5 月,发行 Jade Turtle。

2016 年 5 月,发行 Kinetic Kame。

2017 年 5 月,发行 Lunar Loggerhead。同年 ROS 迎来 10 周年庆典,第一本以机器人为主体的 *Science* 子刊 *Science Robotics* 以封面文章形式回顾了 ROS 的发展历程[28](见图 1-12)。

2018 年 5 月,发行 Melodic Morenia。

2019 年 5 月,发行 Noetic Ninjemys。

ROS 一开始作为 Willow Garage PR2 机器人的开发环境而诞生,经过多年的发展,其通过硬件抽象(底层一套独有的消息定义、序列化和传输系统)成为用户进行类型广泛的机器人硬件系统和新颖项目研发所需的软件工具。但是,随着 ROS 社区的持续增长和具备潜力的新用例的出现,ROS 正以意想不到的方式得到扩展,而这些情况在 ROS 设计开始时并不能完全考虑到。当今存在的大量 ROS 代码和 API 设计,甚至可以追溯到 2009 年发布的 0.4 Mango Tango 版本。一方面,多机器人协作、小型嵌入式平台、实时通信、非理性网络及生产环境等新的需求和应用场景,对 ROS 的底层功能和性能提出了新的挑战。另一方面,ROS 的核心是一个几乎完全从头构建的匿名发布/订阅中间件系统(见 1. 3. 2 节中的详细介绍)。而近些年在该领域新技术不断出现,如

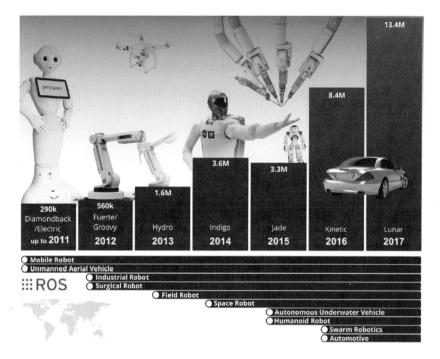

图 1-12 *Science Robotics* 在 2017 年发表的封面文章中对 ROS 发展历史的回顾[28]

Zeroconf、协议缓冲区、ZeroMQ(和其他 MQ)、Redis、Web 套接字和 DDS(数据分发服务)等,在 ROS 中间系统技术的选择上是选择构建新的中间件系统,还是在原基础上进行改进仍是一个值得讨论的问题。

最终开源机器人基金会决定在保持 ROS 独立完整的同时,启用 ROS2 开发工作。ROS2 的首个公开发行版 Ardent 于 2017 年 12 月发行,首个长期支持(long term support,LTS)版 Dashing 于 2019 年 5 月发行,最新的 LTS 版本为 2020 年 6 月发行的 Foxy Fitzroy。ROS2 是一个全新的项目,虽然设计了适当的机制,允许 ROS2 代码与现有 ROS 代码共存,但具体项目中的应用仍有待进一步研究。

本书中机器人系统仿真所用的 ROS 版本是 2018 年 5 月发行的 Melodic Morenia 版本。ROS2 的相关内容,读者可留意本书的后续版本。

1.3.2　ROS 架构及基本概念

整个 ROS 生态由一系列的工具、库和协议组成,非常庞大且复杂,任何一本 ROS 相关的书要想提供 ROS 生态系统的详尽列表和说明是不现实的。但由于 ROS 在架构上被设计为尽可能地分布式和模块化,我们可以确切地介绍 ROS 的架构以及一些核心部分(core component),并讨论其基本概念和功能特性,以便读者更好地了解 ROS 如何为机器人操作任务仿真提供支持。

按照 ROS 社区普通接受的分类方法,ROS 的架构主要被设计为三部分,即文件系统级(filesystem level)、计算图级(computation graph level)和开源社区级(community level)。每部分代表着一个内容维度上的划分,具体每个层级的内容及其所涉及的基本概念概述如下。

1. 文件系统级

文件系统是指 ROS 程序在主操作系统文件管理器中的组织形式,具体包括文件夹的结构以及运行所需的核心文件(见图 1-13)。在当前环境变量

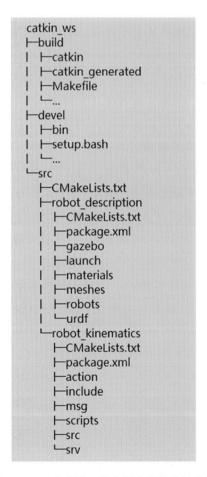

图 1-13　一个典型工作空间内容的文件系统

(Ubuntu 系统～/. bashrc 文件)下，一个文件系统级可被定义在一个独立的 ROS 工作空间(如～/catkin_ws)中。一个系统中可存在多个工作空间，但仅有一个用户工作空间可被配置为当前工作空间。工作空间由源空间 src、编译空间 build 和开发空间 devel 组成。src 文件夹下存放项目的全部程序文件，build 文件夹下存放 CMake 和 Catkin 编译时产生的缓存信息、配置和其他中间文件，devel 文件夹保存编译后的程序。

对于一个具体的仿真任务案例，其源空间下的程序文件是根据功能的不同来对各自所属文件进行组织的，最小的独立组织单元被称为功能包(package)；几个具备协同功能的功能包可以被组织在一起，这个集合被称为综合功能包(metapackage)。在 ROS 生态中，存在大量针对某一类具体应用的综合功能包，如导航综合功能包等。

一个典型的功能包由两个特定文件和一组功能文件夹组成。其中，这两个特定文件为功能包清单(package manifest)文件 package. xml 和跨平台编译工具 CMake 的配置文件 CMakeLists. txt。功能包清单提供功能包的名称、许可信息、作者和维护者信息、依赖关系等信息。对于功能复杂的包，配置文件可由一个总的文件和分布在各个功能文件夹中的子文件组成，编译时会自动索引完成"组装"。几乎所有的功能包均包含上述两个文件。功能文件夹的组成根据包的类型而定。一个标准的 ROS 程序功能包的文件夹由自定义消息(message)类型文件夹 msg、自定义服务(service)类型文件夹 srv、自定义任务(action)类型文件夹 action、源程序文件夹 src、头文件文件夹 include(对于 C++)或脚本文件夹 scripts(对于 Python)等组成；一个标准的机器人模型配置包的文件夹(以 pr2_description 为例)有 XML 格式的模型描述文件夹 urdf、三维模型文件夹 meshes、XML 格式的机器人系统总装描述文件夹 robots(非必需，对于结构简单的机器人，可直接放置在 urdf 文件夹中)、纹理/材质资源文件夹 materials(非必需，有时候会将纹理/材质信息直接存储在三维模型文件中)以及 Gazebo 配置文件夹(当使用 Gazebo 仿真器时)等。

2. 计算图级

计算图级是 ROS 系统的底层运行逻辑，体现的是进程和系统之间的通信。ROS 本身是一个分布式网络系统，ROS 的核心(roscore)由节点管理器(master)、参数服务器(parameter server)和系统调试器(rosout)组成。ROS 中每一个独立的计算执行进程被称为节点(node)，是计算图级的基本单元[29]。

节点管理器是全局的系统资源管理员，每一个节点需要在节点管理器下完成命名(naming)和注册(registration)。节点管理器会提供每一个信息流的追踪,完成各节点间的查找,实现基于主题(topic)的消息发布/订阅、客户端/服务端(C/S)模式建立,并建立节点间的通信。

参数服务器是全局的系统参数仓库,通过建立全局共享的、多变量的数据字典,实现运行时随时的全局参数获取,包括配置参数和全局的静态变量。需要注意的是,参数服务器并非为高性能的数据存储而设计。

系统调试器提供全局系统的监视器和记录器,能够实现消息记录包(bag)和实时的调试工具,如 rosgraph、rqt_console 等。

ROS 计算图级的实现最终依赖全局主题的信息路由模式,并不需要在节点间建立直接的连接。主题间的通信可以基于 TCP/IP 或 UDP 传输,前者的传输被称为 TCPROS,是 ROS 系统默认的传输方式;后者的传输被称为 UDPROS,使用于低延迟高效率的需求场景,可能产生数据丢失情况,因而适用于远程操作的任务。基于主题的信息传递具体实现方式分为四种:message 发布/订阅方式,service 请求/响应方式,action 执行、监测与反馈响应方式,以及 bag 的录制与回放方式。

message 发布/订阅是一个单向的消息传递机制(见图 1-14),消息的类型由 msg 文件定义,参与者包括发布者(publisher)和订阅者(subscriber)。在某个特定的主题下,节点可以创建发布者并发布满足 msg 文件类型的消息,当其他节点需要该主题的消息时,只需要创建订阅者并接收该主题消息即可。一个节点可以同时发布和接收多个主题消息。一个发布者可以同时有多个订阅者,但两者间并不建立直接的连接,仅能通过节点管理器获得订阅者的个数。message 发布/订阅是一种弹性的异步通信,其作用机制类似于围绕共同主题的多人聊天室,每个人都可以自由地发表符合主题要求的消息,且任何人都可以收听到任一主题下的消息,但不能保证特定的消息得到及时响应,因为接收者可

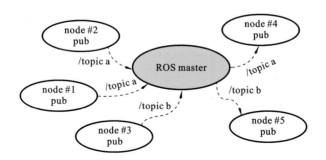

图 1-14　Message 发布/订阅机制示意图

能没有及时收到。

service 请求/响应是一个点对点 C/S 的请求与响应机制，服务类型由 srv 文件定义，参与者包括服务端(server)和客户端(client)(见图 1-15)。在某个特定的主题下，节点可以创建服务端并提供满足 srv 文件类型的服务(如返回两个数的加法操作结果)，而另一个节点可以创建客户端并请求该主题下的服务，请求服务的同时可选择性提供被服务操作的"材料"(如加法操作的两个操作数)。服务端在收到请求后会启动处理操作，并返回服务响应的结果给客户端。C/S 机制能够保证特定服务得到及时的处理。

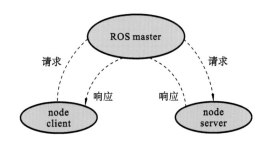

图 1-15 service 请求/响应机制示意图

action 执行、监测与反馈响应是一个结合上述两种方式的任务处理机制，一般处理比较复杂且耗时的任务。任务的类型由 action 文件定义，参与者与 service 请求/响应的类似，包括服务端和客户端。在某个特定的主题下，客户端和服务端应用程序间可建立任务目标(goal)、取消命令(cancel)和状态(status)、反馈(feedback)、结果(result)五个主题的消息传递(见图 1-16)。与 service 请求/响应的区别在于其加强了处理过程中的控制、状态和结果的反馈。

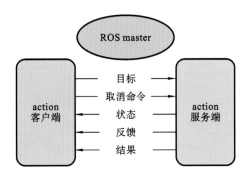

图 1-16 action 执行、监测与反馈响应机制示意图

bag 的录制与回放是一个对上述三类信息传递过程的本地记录机制,一般用于实时传感器等的数据的记录、存储和复现。

3. 开源社区级

开源社区是 ROS 不可分割的部分,它是 ROS 能够迅速成长并形成日益庞大的生态系统的关键。值得注意的是,初始安装在本地设备上的软件套件(如 ROS Melodic 发行版的 desktop-full)只是 ROS 运行的基本功能框架,更多的 ROS 资源(如工具、算法和代码)和开发人员间共享的知识存在于开源社区。

ROS 的主要资源包括软件库(Repository)、维基文档(Wiki)、错误追踪系统(Bug Ticket System)、邮件列表(Mail List)、问答社区(ROS Answers)等。其中,日常项目开发中最常用的是软件库、维基文档和问答社区。ROS 严重依赖开源代码与软件库中共享的网站和主机服务,不同的机构能够发布、分享或下载项目工程软件与程序。当前最常使用的软件库分享平台是 GitHub(现由微软管理)。维基文档是用于记录和发布有关 ROS 系统信息的主要论坛,包括由 OSRF 管理的 ROS 官方 Wiki 教程、各类工具的官方教程以及其他个人发布的软件库的使用说明文档。问答社区是一个用户群高度集中的问答平台,项目开发阶段碰到的几乎所有问题都可以在问答社区上找到解决方案或发出新的求助。

需要说明,由于本书并不是定位于零基础读者的 ROS 学习资料,相关内容和概念的说明是基于后续开展面向具体项目的仿真任务的需要,因而无法像教程版那样详细。对于 ROS 初学者,建议可系统学习 ROS Wiki 或其他专门的 ROS 教程类的书籍。

1.3.3　基于 ROS 的机器人仿真平台搭建

读到这,相信读者已经对机器人仿真工具的现状有了比较清晰的认识和了解。如果读者决定基于 ROS 来建立自己的机器人仿真平台,那么应该如何做呢?

简单来说,搭建基于 ROS 的机器人仿真平台大概分为四步:

1. Ubuntu 和 ROS 的安装

尽管 ROS 已经支持多个主操作系统,如 Ubuntu、Windows、Mac OS、Debian 和 Arch Linux 等,但根据完整功能的支持程度,包括工具与教程资源、用户人群等,Ubuntu 仍然是首选的操作系统。本书推荐的 Ubuntu 版本为 18.04 LTS。Ubuntu 18.04 可以全新独立安装或双系统安装,当然如果硬件在上述两种安装方式上存在困难,使用虚拟机安装也是一个可选的方案,但部分虚拟机软件由于性能的限制无法发挥主机硬件的全部性能,如运行 Gazebo 等对 3D 性能要求高的工具时,会出现一些已知的问题。

假设读者已经具备一台安装了 Ubuntu 18.04 系统的个人计算机(PC),并已经熟练掌握了 Linux 基本概念和一定的命令行操作技能。

ROS 官方 Wiki(http://wiki.ros.org/)提供了包括 ROS 安装在内的详细教程。在"Documentation"页面可以看到"Install"选项链接;在"ROS Installation Options"下选择"ROS Melodic Morenia",并在跳转的安装说明页面中选择"Ubuntu"。根据安装教程逐步完成 ROS 的安装和环境部署。

在 ROS 完成部署后,对于 ROS 初学者,建议先完整学习 ROS 官方的教程。

2. 工作空间创建和开发环境的搭建

从前述对 ROS 架构——文件系统的介绍可知,工作空间是全部 ROS 开发文档的存放地点,为此,首先需要创建自己的工作空间,主要的操作包括创建工作空间所处的文件夹(这里以在默认"home"目录"～"下创建名为"catkin_ws"的文件夹为例)和工作空间的初始化,具体命令如下(在本书的后续内容中,对于关键步骤的命令行操作,将标示出在终端输入的命令):

```
$mkdir -p ～/catkin_ws/src
$cd ～/catkin_ws
$catkin_make
```

运行完成后,在"～"目录下新建了一个名为"catkin_ws"的目录,即为工作空间,在其子目录下存在 src、build 和 devel 三个文件夹,分别为源空间、编译空间和开发空间。为了在全局范围内将当前创建的"catkin_ws"作为默认的 ROS 工作空间,需要在～/.bashrc 文件中添加工作空间配置脚本,ROS 默认的配置文件路径在安装时被设置为/opt/ros/melodic/setup.bash。.bashrc 是终端每次打开时均被加载的配置文件。通过直接编辑或命令行方式将脚本直接添加在.bashrc 文件末尾:

```
$echo "source ～/catkin_ws/devel/setup.bash" >> ～/.bashrc
$source ～/.bashrc
```

至此,ROS 的工作空间设置完毕。

对于复杂 ROS 项目的开发,单纯通过文本编辑器来实现源代码的编写效率较低,通过配置 IDE 来搭建开发环境能够实现方便快捷的代码编写(最直接的函数自动补全等)、调试和编译。本书所涉及的 ROS 项目主要使用 C++和

Python,故先用 Qt Creator 和 PyCharm 作为 IDE 来分别搭建集成开发环境。

本书中的软件版本为 Qt Creator 3.2.1 opensource(基于 Qt 5.3.2)和 Py-Charm Community 2020 opensource。

为了让 IDE 能够读取 ROS 的环境变量,最简单的方法是从 ROS Bash 终端中运行,以自动加载终端中的环境配置。方便起见,一般通过改变 IDE 对应的. desktop 启动程序中的"Exec＝"行来自动加载。在安装完 Qt Creator 和 PyCharm 之后,找到对应后缀为. desktop 的文件(一般该文件在/usr/share/applications 目录或者～/. local/share/applications 目录下),在启动项"Exec＝"后添加"bash -i -c"内容。但这种配置方式存在一些已知的问题:对于部分高版本的 Qt Creator 软件,添加后易导致程序无法启动,或关闭后无法第二次启动;对于高版本的 PyCharm 软件,添加后程序无法启动,或即使启动,ROS 环境无法被成功加载。为此,本书推荐一种通用的配置方法,该方法适用于几乎全部版本的 Qt Creator 和 PyCharm。具体操作如下。

对于 Qt Creator,我们使用 qtcreator 命令直接从终端启动 Qt Creator 以加载环境变量。为完成这样的配置,对于安装在/opt 目录下的 Qt 5.3.2,可在命令行输入:

```
$ echo "export PATH=/opt/Qt5.3.2/Tools/QtCreator/bin:$PATH" >> ~
/.bashrc
```

对于其他版本的 Qt Creator,需对应修改其中的文件夹名称。

对于 PyCharm,我们不需要修改 Bash 中的配置,而是直接在 PyCharm 中设置 ROS 的 Python 包存放路径。具体设置方法为:打开项目"Interpreter Settings"对话框,在"Project Interpreter"选项下,点击设置按钮(齿轮形状),选择"Show All…",在弹出的"Project Interpreters"对话框中,点击"show paths for the selected interpreter"按钮,在弹出的对话框中点击"＋"按钮,添加/opt/ros/melodic/lib/python2. 7/dist-packages,点击"OK"确认上述设置生效,如图 1-17 所示。

至此,完成了本书中将使用的 Qt Creator 和 PyCharm 的开发环境设置。

3. 包安装和 GitHub 的使用

ROS 社区具备非常庞大的功能包,用户可以根据需求下载任一第三方功能包,借助命令行和所需软件库的名称,可以直接下载安装编译完成的发行版。如第三方的高性能运动学求解库 TRAC-IK[30],可通过如下命令安装:

图 1-17　在 PyCharm 中设置 ROS Python 环境路径

```
$ sudo apt-get install ros-melodic-trac-ik
```

"sudo"表明 apt-get install 需要调用 root 权限操作,在输入当前用户密码后即可自动完成 TRAC-IK 发行包的下载和安装。提示:输入功能包的部分名称后,可通过"Tab"键请求自动补充,系统会自动从软件库中匹配并给出可行的功能包名列表。

apt-get install 方式在处理部分存在依赖关系的包时会有一些不方便,尤其是当说明文档不详细而用户尚不清楚此依赖关系时。为此,我们可以使用第三方的图形界面工具来进行包的自动管理,如 Synaptic Package Manager。Synaptic Package Manager 可通过 Ubuntu Software 进行安装,也可通过如下命令安装:

```
$ sudo apt-get install synaptic
```

安装完成即可通过 Synaptic Package Manager 进行功能包的管理。依旧以 TRAC-IK 为例,在搜索框中键入"trac ik melodic"进行搜索;随后在搜索结果中勾选"ros-melodic-trac-ik",选择"mark for installation",Synaptic Package Manager 会弹出提示对话框,提示需要安装两个依赖项:"ros-melodic-trac-ik-examples"和"ros-melodic-trac-ik-kinematics-plugin"(见图 1-18);点击"Mark"

标记需要安装的依赖包；最后点击"Apply"应用上述操作，完成 TRAC-IK 的下载和安装。

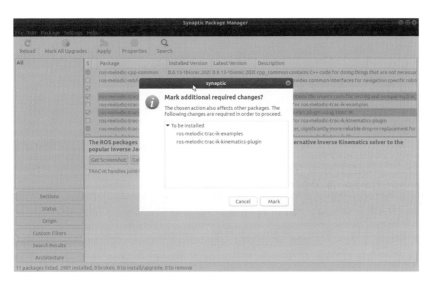

图 1-18　使用 Synaptic Package Manager 自动添加依赖项

　　除安装编译好的发行版外，还可以下载源程序包，自行完成本地端的编译。目前主流的软件源代码托管服务平台有 GitHub、BitBucket 等，如 ROS 官方的功能包均通过 GitHub 进行版本的控制和管理。任何能够在公开托管服务平台上找到的源代码软件库，均可以通过下载 zip 包或者通过 Git 工具进行克隆（clone）。如提供 TRAC-IK 包的 TRACLabs 选择 BitBucket 作为托管平台，其 BitBucket 的专属页面链接为 https://bitbucket. org/traclabs/trac_ik/src/master/，通过如下命令进行安装：

```
$mkdir ~/git_ws
$cd ~/git_ws
$git clone https://bitbucket.org/traclabs/trac_ik.git
```

　　指令运行完毕后，在"home"下新建的 git_ws 文件夹下即可看到刚下载的功能包源程序，可根据需要将源程序复制到自己的源空间中。关于 Git 和 GitHub 的使用，请查阅官方文档或者相关书籍。

4. 功能包编译和运行

　　下载到源空间内的功能包源程序或自己编写的程序功能包，需要进行本地

端的编译。ROS 采用 Catkin 进行编译,常用的编译命令如下:

```
$cd ~/catkin_ws
$catkin_make
```

对于工程量较大的源空间编译,可在 catkin_make 后追加多线程编译指令,如:

```
$catkin_make -j4 -l4
```

编译完成后,msg、srv、action 等文件会生成对应的头文件以供程序调用;类文件会生成对应的.so 等库文件以供调用,可执行程序会生成对应的可执行文件。

单个可执行程序的运行可通过 rosrun 命令进行,也可通过 roslaunch 对应的 launch 文件进行多个文件的运行调度。如编写一个 robot_kinematics 的包,在包内基于 TRAC_IK 实现一个七自由度机械臂的逆运动学计算库,编写一个逆运动学的测试程序 ik_test.cpp;CMakeLists.txt 配置编译后可执行文件的名称为 ik_test。通过命令行运行该程序的操作为

```
$roscore
```

上述命令将启动节点管理器,使整个 ROS 系统的底层处于就绪状态,随后开启一个新的终端,运行如下命令:

```
$rosrun robot_kinematics ik_test
```

ROS 将启动 ik_test,并根据程序的设计给出结果。

至此,相信读者已经清楚地明白如何创建自己的机器人仿真平台,并跃跃欲试想要实现规划中的任务。在此之前,我们先重点总结几类主要的机器人仿真任务。

1.4 机器人仿真任务

机器人仿真任务面向的是实际机器人的操作应用。对于机器人操作任务,从操作者(manipulator)与操作对象(object)的物理特性以及目标环境(environment)复杂程度的角度来分类,现有操作者可分为刚体、刚软混杂与

软体,操作对象可分为刚体和可形变体,而目标环境在普通环境、封闭环境与特殊环境(如医用)下,最终组合共计 18 种类型。不同类型问题的系统建模、数学描述方法与仿真关注的内容均不完全相同,对应机器人操作仿真的方法也不相同。

从操作者的角度来看,刚体操作者是我们日常较多见的串联、并联或混联形式的刚体机械臂,其本体的刚度较大,在操作过程中几乎不会发生形变,如图 1-19(a)所示;刚软混杂操作者的机械臂系统部分构件为可形变体,在操作过程中会发生宏观的形变,如配备了软体手爪作为末端执行器的刚体机械臂系统,如图 1-19(b)所示;软体操作者的整个操作本体均为可形变体,如图 1-19(c)所示。

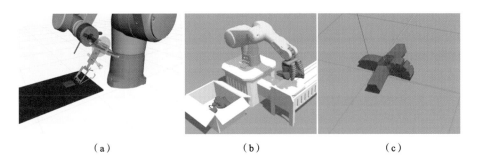

（a）　　　　　　　　　（b）　　　　　　　　　（c）

图 1-19　刚体、刚软混杂与软体操作者的三类机器人操作

从操作对象的角度来看,机器人操作可以分为以下三类:① 第一类机器人操作,如物体搬运、工件装配等,被操作对象通常是不发生形变的,其对象的形变可能导致操作失败,是要避免的;② 第二类机器人操作,如服务机器人夹持并递送饮料瓶等,被操作对象可能发生形变,其形变会增加操作难度甚至导致操作失败,因此是不被期望的或至少不是操作的目的;③ 第三类机器人操作,如金属材料成形加工等,除对象位置及姿态有变化以外,更重要的是为了实现特定的形态功能或空间分布,需要通过操作来实现对象的形态变化,如图 1-20(b)所示,形变是机器人操作的目的。前两类机器人操作以驱动对象的位姿变化为目标,第三类机器人操作以驱动对象的形态变化为目标,如图 1-20 所示。

本书接下来的内容将针对特定类型的机器人操作任务,以具体的项目研究内容为背景,介绍项目中机器人操作应用案例的仿真实现方法。

本书各章节的源代码能够在如下链接地址下载得到:http://soft.siat.ac.

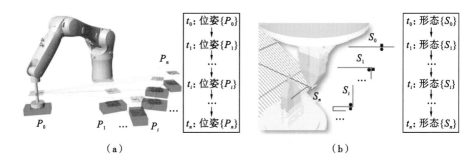

（a）   （b）

图 1-20　驱动对象位姿变化和驱动对象形态变化的两类机器人操作示意图

cn/cn/resources/simulation. html。

为了更清晰地展示部分重要设置或结果,本书各章节部分插图使用了相应的开源软件或工具的过程截图,我们除了在介绍时给出官方文档的链接外,并在这里向相应软件或工具的开发者致以谢意。

1.5　本章小结

在这一章,我们从机器人仿真的需求出发,介绍了常用的机器人仿真工具,并重点介绍了使用物理引擎的机器人仿真器,以及其中两个最具代表性的物理仿真引擎 ODE 和 Bullet。为了真正搭建一套完整的机器人仿真平台,我们推荐使用 ROS 作为中间层,简要叙述了如何在 Ubuntu 系统下建立自己的仿真平台和开发环境。通过掌握这些步骤,读者可以着手实现一些规划中的机器人仿真任务。

为了使读者更系统地掌握机器人仿真方法,我们还从操作者、操作对象和目标环境三个层面对机器人仿真任务进行了分类。后续章节我们将根据此分类,结合实际项目案例,详细讲解如何进行刚体机器人、刚软混杂机器人和软体机器人系统的仿真。

需要说明的是,如果读者对 Ubuntu 系统和 ROS 的基本概念及其操作不是很熟悉,强烈建议读者系统地学习 ROS Wiki 或其他专门的 ROS 教程类书籍。

本章参考文献

[1] STARANOWICZ A，MARIOTTINI G L. A survey and comparison of

commercial and open-source robotic simulator software[C]// Proceedings of the 4th International Conference on Pervasive Technologies Related to Assistive Environments. New York：Association for Computing Machinery,2011：1-8.

[2] RobotStudio[EB/OL]. [2020-12-10]. https：//new. abb. com/products/robotics/robotstudio.

[3] KUKA. Sim[EB/OL]. [2020-12-10]. https：//www. kuka. com/en-de/products/robot-systems/software/planning-project-engineering-service-safety/kuka _sim.

[4] Fanuc Roboguide Simulation Software[EB/OL]. [2020-12-10]. https：//www. fanucamerica. com/products/robots/robot-simulation-software-FANUC-ROBOGUIDE.

[5] MotoSim[EB/OL]. [2020-12-10]. https：//www. motoman. com/en-us/products/software/simulation.

[6] Robotics System Toolbox[EB/OL]. [2020-12-10]. https：//ww2. mathworks. cn/products/robotics. html.

[7] CORKE P I. A robotics toolbox for MATLAB[J]. IEEE Robotics & Automation Magazine，1996,3(1)：24-32.

[8] ADAMS：the multibody dynamics simulation solution[EB/OL]. [2020-12-10]. https：//www. mscsoftware. com/product/adams.

[9] Motion analysis overview[EB/OL]. [2020-12-10]. http：//help. solidworks. com/2020/English/SolidWorks/motionstudies/c_Motion_Analysis. htm? id＝64aafedf38b246829a57d49b8aaf920e.

[10] Robotics：simulating the world with Microsoft Robotics Studio[EB/OL]. [2020-12-10]. https：//docs. microsoft. com/en-us/archive/msdn-magazine/2008/june/robotics-simulating-the-world-with-microsoft-robotics-studio.

[11] Gazebo[EB/OL]. [2020-12-10]. http：//gazebosim. org/.

[12] V-REP[EB/OL]. [2020-12-10]. https：//www. coppeliarobotics. com/previousVersions.

[13] Webots：Open Source Robot Simulation [EB/OL]. [2020-12-10]. https：//cyberbotics. com/.

[14] JOHNS K，TREVOR T. Professional microsoft robotics developer studio[M]. Indianapolis：Wiley，2008.

[15] KOENIG N，HOWARD A. Design and use paradigms for Gazebo，an open-source multi-robot simulator[C]//Proceedings of 2004 IEEE/RSJ International Conference on Intelligent Robots and Systems（IROS）. New York：IEEE，2004：2149-2154.

[16] ROHMER E，SINGH S P N，FREESE M. V-REP：a versatile and scalable robot simulation framework[C]//Proceedings of 2013 IEEE/RSJ International Conference on Intelligent Robots and Systems. New York：IEEE，2013：1321-1326.

[17] DARPA VRC Examples[EB/OL]. [2020-12-10]. https：//www. youtube. com/watch？v＝yVICMC. BAiU.

[18] English：screenshot of Gazebo，gazebosim. org[EB/OL]. （2015-07-15）[2020-12-10]. https：//en. wikipedia. org/wiki/File：Gazebo_screenshot_v5. 0. png.

[19] English：Robotis-Op3 simulation，David Mansolino[EB/OL]. （2018-12-21）[2020-12-10]. https：//commons. wikimedia. org/wiki/File：Robotisop3. png.

[20] Webots for automobiles[EB/OL]. [2020-12-10]. https：//cyberbotics. com/doc/automobile/introduction.

[21] Open dynamics engine[EB/OL]. [2020-12-10]. http：//opende. sourceforge. net/.

[22] Bullet Real-Time Physics Simulation[EB/OL]. [2020-12-10]. https：//pybullet. org/wordpress/.

[23] MCCONACHIE D，RUAN M Y，BERENSON D. Interleaving planning and control for deformable object manipulation[M]//AMATO N M，HAGER G，THOMAS S，et al. Robotics Research. Cham：Springer，1019-1036.

[24] MATAS J，JAMES S，DAVISON A J. Sim-to-real reinforcement learning for deformable object manipulation[EB/OL]. （2018-10-8）[2020-12-10]. https：//arxiv. org/pdf/1806. 07851. pdf.

[25] MATAS J，JAMES S，DAVISON A J. Sim-to-real reinforcement learn-

ing for deformable object manipulation[EB/OL]. [2020-12-10]. https://arxiv. org/pdf/1806. 07851. pdf.

[26] QUIGLEY M，CONLEY K，GERKEY B，et al. ROS：An open-source robot operating system[EB/OL]. [2020-12-10]. https://www. robotics. standford. edu/～ang/papers/icraossoq-ROS. pdf.

[27] PR2[EB/OL]. [2020-12-10]. https://robots. ieee. org/robots/pr2/.

[28] ZHANG L，MERRIFIELD R，DEGUET A，et al. Powering the world's robots—10 years of ROS[J]. Science Robotics，2017,2(11):eaar 1868.

[29] DENG H，XIONG J，XIA Z Y. Mobile manipulation task simulation using ROS with MoveIt[C]//Proceedings of 2017 IEEE International Conference on Real-time Computing and Robotics (RCAR). New York：IEEE，2017：612-616.

[30] TRACKABS/Traclans：trac_ik[EB/OL]. [2020-12-10]. https://bitbucket. org/traclabs/trac_ik/src/master/.

第 2 章
刚体机器人系统仿真方法

2.1 引言

在第 1 章中,我们已经搭建完成了基于 ROS 的机器人仿真平台,并对机器人仿真任务进行了分类。这一章中,我们将介绍刚体机器人系统的操作仿真。刚体机器人系统的机械臂本体、末端执行器以及被操作对象均视为不可形变的。

本章中我们将结合具体的项目实例,引导读者逐步分析需求、提出解决方案并最终实现。在内容组织上,将针对案例详细叙述模型创建、运动学求解、运动规划与控制、动力学仿真等通用模块的实现方法。

2.2 刚体机器人数学建模

刚体机器人的数学建模是后续开展机器人运动规划与控制和实现高逼真仿真环境的基础,其实质通常是指建立机器人结构的运动学和动力学描述。如果用机器人学的语言来描述的话,建立运动学数学模型就是建立机器人各关节位置和机器人末端的位姿之间的关系,而建立动力学模型就是建立机器人关节力或力矩与机器人运动(关节位移、速度和加速度)之间的关系。

在绝大多数的刚体机械臂的操作应用中,机械臂本体的控制处于位置控制模式,即我们实际上仅关心机器人各关节位置和机器人末端的位姿关系,动力学控制是由机器人控制器内部自行完成的。所以,大部分刚体机器人数学建模是指运动学建模。

2.2.1 刚体运动学模型创建

以某项目中所用的德国 Schunk 的轻型机械臂 LWA[1] 为例(见图 2-1),其具有 7 个自由度和相邻关节旋转轴垂直相交的 7R 构型。对于这种串联型的机械臂,机器人学的经典方法一般是使用 Denavit-Hartenberg(D-H)参数表进行描述,进而建立机械臂的正逆运动学模型。

图 2-1　Schunk 七自由度冗余机械臂 LWA[2]

2.2.1.1　编写刚体模型 URDF 文件

URDF(unified robot description format,统一机器人描述格式)文件以 XML 文本文件的格式描述这种结构化的机械臂结构。机器人的机械结构主要包括连杆和关节,URDF 文件中＜link＞和＜/link＞标签之间的内容用来描述连杆包括质量特性、外观形状和碰撞属性在内的基本参数,标签＜joint＞和＜/joint＞间的内容用来描述连接两个连杆的关节的参数。

Schunk LWA 七自由度机器人包括基座在内一共有 8 个连杆、7 个关节。meshes 文件能通过导入外部 3D 模型文件的方法定义连杆外观和碰撞网格。目前 ROS 支持.stl 和.dae 格式文件,其中.dae 文件支持模型颜色和材质的定义,适用于导入带有纹理信息的模型,构建更逼真的仿真场景。

为处理 meshes 文件,推荐使用开源的三维动画制作软件 Blender[3],其具有强大的建模、模型处理、材质渲染功能。在 Ubuntu 系统下利用其曲面编辑功能以及文件导出功能,可以更好地对 URDF 所依赖的 meshes 文件做前处理,如原点的重定义、结构的简化和材质属性的赋值等。

图 2-2 所示为 Blender 使用场景,将连杆的不同功能部分根据真实机器人的样式赋予不同的颜色,其中金色部分表示驱动器,黑色部分为驱动器间的连接件,最后将模型导出为支持材质属性的.dae 格式。

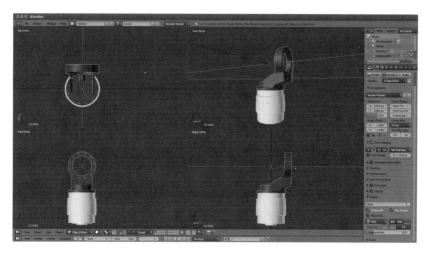

图 2-2　连杆在 Blender 中的场景

　　为了准确描述连杆间坐标系的转换,需要先了解 URDF 中连接父子连杆的关节的基本规则[4],图 2-3 所示为相邻连杆连接的示意图。

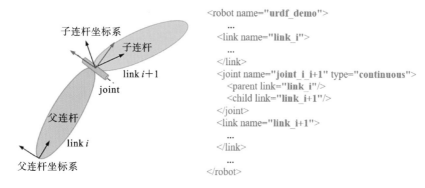

图 2-3　相邻连杆连接的示意图

　　关节坐标系参数参照父连杆坐标系,而子连杆坐标系参照关节坐标系,因此,连杆坐标系应与 D-H 表中的初始坐标系重合。为了便于描述,我们在 Blender 中使每个模型文件的原点与所对应的连杆坐标系的原点(即各关节的旋转中心)重合。完成设置后,在编写机械臂的 URDF 文件时,"joint"的"origin"位置属性默认为 0 值,即模型文件的坐标原点。为实现后续高逼真的物理环境仿真,需要在 URDF 文件中对模型的运动学和动力学参数进行设定,包括连杆的质心、质量、转动惯量,以及各关节的关节角极限位置、最大运动速度/

力、阻尼系数和 PID 参数等。机械臂的相关物理参数由厂商提供,末端执行器的相关物理参数在三维软件中直接测量获得。

在工作目录中创建名为 schunk_description 的功能包,用于存放机器人的模型文件,功能包的名字尽量直观易懂,能够根据名字就知道功能包的用途。schunk _description 功能包并不需要依赖项,至少目前来说我们只需要在该功能包中存放模型文件,便于其他功能包找到。

```
$ cd ~/robot_ws/src
$ catkin_create_pkg schunk_description
```

在该功能包中创建名为 urdf、meshes 和 robots 的三个目录,其中,urdf 目录用来存放机器人各部分组件的模块文件,meshes 目录用来存放机器人的.stl 或.dae 实体模型文件,robots 目录用来存放机器人模型文件。

```
$ cd schunk_description
$ mkdir urdf meshes robots
```

在 urdf 目录中创建用来存放机械臂 LWA 信息的目录 lwa,在 lwa 目录中创建 macro_lwa.urdf.xacro 文件。创建文件的方法非常多,可在 urdf 目录中通过右键创建新文件,或在终端中使用 touch macro_lwa.urdf.xacro 指令,也可利用 gedit、sublime、vi 等编辑器创建。

```
$ cd urdf
$ mkdir lwa
$ touch macro_lwa.urdf.xacro
```

macro_lwa.urdf.xacro 文件为机器人模型的描述文件,采用 xacro 的方式编写机器人的各组件 XML 代码块。机械臂中的独立功能模块可独立编写一个.xacro 文件,如灵巧手、移动小平台等。这样的好处是可以短时间、少代码、重复地完成机器人的组装,比如已有一个搭载一个机械臂的移动平台的模型描述文件,可以方便地配置搭载四个机械臂的移动平台。

在 meshes 目录中同样创建名为 lwa 的目录,用来存放机械臂的模型文件。

利用相同的方法完成末端执行器等其他部件的模型文件创建,如可装配在机械臂末端用于抓取的灵巧手 SDH 等。

在 robots 目录中创建 schunk_arm.urdf.xacro 文件,在该文件中将机械臂

LWA 和灵巧手 SDH 组装成机器人。

```
<?xml version="1.0"?>
<robot xmlns:xacro=http://ros.org/wiki/xacro name="schunkArm">
<!—lwa and sdh-->
    <xacro:include filename="$(find schunk_description)/urdf/lwa/
macro_lwa.urdf.xacro"/>
    <xacro:include filename="$(find schunk_description)/urdf/sdh/
sdh.urdf.xacro"/>
    <!—dummy link-->
    <link name="world"/>
    <!--lwa-->
    <xacro:schunk_lwa name="arm" parent="world">
        <origin xyz="0 0 0" rpy="0 0 0"/>
    </xacro:schunk_lwa>
    <!--sdh -->
    <xacro:schunk_sdh name="sdh" parent="arm_force_sensor">
        <origin xyz="0 0 0.0692" rpy="0 0 ${radians(360)}"/>
    </xacro:schunk_sdh>
</robot>
```

为了检验 URDF 文件中的机械臂结构配置是否正确,除了采用 check_urdf 工具外,还可以在由 ROS 提供的可视化工具 Rviz 中将机器人的模型进行显示。将 URDF 文件上传到 ROS 的参数服务器中并按照用户给定的名字命名,默认为 robot_description;随后启动关节状态发布器 joint_state_publisher,以及机器人坐标系 TF 转换发布节点 robot_state_publisher,Rviz 就能显示出机械臂的模型。此时,系统中节点间的消息传递如图 2-4 所示,joint_state_publisher 作为命令的发布者向外发布机器人的关节姿态/joint_states,而 robot_state_publisher 则会订阅该消息并将其转换为机器人的 TF 信息进行发布,在 Rviz 中 TF 信息可驱动机器人模型实现运动的可视化,如图 2-5 所示。

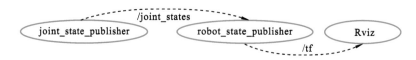

图 2-4　Rviz 仿真器中节点间的消息传递

上述步骤能通过一个启动文件完成,在 schunk_description 功能包中创建 launch 目录并在其中创建 robot_display.launch 文件。

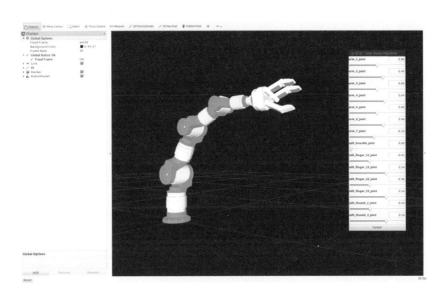

图 2-5 Schunk 机械臂 LWA 和灵巧手 SDH 的 URDF 模型
在 Rviz 可视化工具中的显示

```
<?xml version="1.0"? >
<launch>
    <!--Load robot description into parameter server of ROS -->
    <param name="robot_description" command="$ (find xacro)/xacro.py
'$ (find schunk_description)/robots/schunk_arm.urdf.xacro'" />
    <!-- start the fake joint state publisher -->
    < node name="joint_state_publisher" pkg="joint_state_publisher"
type="joint_state_publisher">
        <param name="use_gui" value="TRUE"/>
    </node>
    <!--start the robot state publisher -->
    < node name="robot_state_publisher" pkg="robot_state_publisher"
type="robot_state_publisher"/>
    <!--start Rviz -->
    <node name="rviz" pkg="rviz" type="rviz" args="-d '$ (find schunk_
description)/launch/display.rviz'"/>
</launch>
```

在终端中启动 robot_display.launch 文件就能够启动一系列节点,在 Rviz
可视化工具中就可以看到机器人模型。用 Rviz 显示出机器人模型只是为了查
看机器人模型文件的正确性,并不进行机器人运动仿真,Rviz 不包含动力学仿

真引擎,动力学仿真需要在 Gazebo 中进行。

2.2.1.2 创建运动学求解器

正运动学求解是从机械臂关节空间到机器人末端笛卡儿空间位姿的映射,机器人学中通过传递关系矩阵的连乘得到正运动学方程,其代码实现没有难度。逆运动学求解是正运动学求解的逆过程,即给定笛卡儿空间内任意的末端位姿,求解对应的机器人关节位置,其求解结果有无解、存在唯一解或多解三种情况。机器人学教材中的解析法或几何方法一般可求解六自由度以下的机械臂的逆运动学问题,但除非读者是机器人专业的研究人员,否则稳定的逆解代码实现仍然是具备一定的工程量和难度的,尤其对于具备更多冗余自由度的机械臂。ROS 开源社区中已有一系列的开源逆运动学求解器,这些求解器一般基于雅可比方法或迭代数值求解方法,如牛顿收敛方法、顺序二次非线性优化法等,能够快速稳定地解算多自由度的逆运动学问题。在本书的项目研究中,我们较常使用的运动学求解器包括 ROS 默认的 KDL 运动学和动力学库、Open-RAVE 运动规划软件中的 IKFast[5] 以及 TRACLabs 提供的使用在美国国家航空航天局(NASA)空间站机器人 Robonaut 2 上的 TRAC-IK[6]。TRAC-IK 和 KDL 类似,也是一种基于数值解的机器人运动学求解器,但是在算法层面上进行了很多改进,相比 KDL,其求解效率(成功率和速度)更高。IKFast 也是一款性能优良且精度高的求解器,但其配置相对烦琐一些,因而对于一般的应用我们首选 TRAC-IK。接下来我们将为 Schunk 七自由度机械臂创建基于 TRAC-IK 的运动学求解器以及 MoveIt! 机器人操作框架(后续章节将会介绍)的运动学插件。

我们首先需要安装 TRAC-IK(具体步骤在第 1 章中已说明)。安装好功能包后即开始创建运动学功能包 schunk_kinematics,总体步骤与前述创建 schunk_description 功能包类似,在依赖项中需要添加对 trac_ik_lib、orocos_kdl、Boost,以及 schunk_description 的依赖。

```
$ cd ~/robot_ws/src
$ catkin_create_pkg schunk_kinematics trac_ik_lib orocos_kdl Boost
schunk_description
```

对应的 CMakeLists.txt 中的配置为

```
find_package(catkin REQUIRED
    COMPONENTS
```

```
    trac_ik_lib
    schunk_description
)
find_package(Boost REQUIRED COMPONENTS date_time)
find_package(orocos_kdl REQUIRED)
catkin_package(
  CATKIN_DEPENDS
    trac_ik_lib
    schunk_description
  DEPENDS
    Boost
    orocos_kdl
)
include_directories(
  ${catkin_INCLUDE_DIRS}
  ${Boost_INCLUDE_DIRS}
  ${orocos_kdl_INCLUDE_DIRS}
)
```

TRAC-IK 中求解机器人正运动学的应用程序接口为 JntToCart,具体函数的声明为

```
int KDL::ChainFkSolverPos_recursive::JntToCart(const JntArray& q_in,
Frame & p_out,int segmentNr=-1);
```

其中,第一个参数 q_in 为输入的关节值,p_out 为输出的末端坐标系位姿。

TRAC-IK 中求解机器人逆运动学的应用程序接口为 CartToJnt,具体函数的声明为

```
int CartToJnt (const KDL::JntArray &q_init, const KDL::Frame &p_in, KDL::
JntArray &q_out, const KDL::Twist& bounds=KDL::Twist::Zero());
```

其中,第一个参数 q_init 为关节的初始值,p_in 为输入的末端坐标系位姿,q_out 为求解输出的关节值。

基于这两个应用程序接口创建 schunk_kinematics. cpp 库文件和 ik_test. cpp 测试文件,具体程序模板可参考 TRAC-IK 的 trac_ik_examples。对应的 CMakeLists. txt 中的配置为:

```
add_library(kin_solver src/schunk_kinematics.cpp)
target_link_libraries(kin_solver
  ${catkin_LIBRARIES}
```

```
    ${Boost_LIBRARIES}
    ${orocos_kdl_LIBRARIES}
)
add_executable (ik_test src/ik_test.cpp)
target_link_libraries(ik_test
kin_solver
    ${catkin_LIBRARIES}
    ${Boost_LIBRARIES}
    ${orocos_kdl_LIBRARIES}
)
```

为测试正运动学求解和逆运动学求解的运算效率，ik_test 随机产生 1000000 组关节角度序列，测试正运动学求解并将正解的结果再次做逆解计算，得到 kin_solver 的平均时间以确定是否满足项目对机器人运动控制的要求。基于 TRAC-IK 的 kin_solver 的效率优于自行编写的标准 IK 算法（此处仅从实际项目操作的正运动学求解和逆运动学求解效率分析，不进行算法理论层的对比及编程技巧的讨论）。

2.2.2　刚体动力学模型创建

相对于运动学模型，动力学模型本身更为复杂，尤其是对于应用于操作任务中的实际机器人系统，未知约束、接触及硬件参数等因素会导致人工建立动力学数学模型存在巨大难度。研究中，我们可基于 Gazebo 物理引擎实现对实际操作场景下的机器人系统的动力学建模。对于安装 ROS Melodic desktop-full 版本的用户，系统中已经内置了 Gazebo-9.x 版本。如果没有安装，可按照如下命令进行安装：

```
$ sudo apt-get install ros-melodic-gazebo-ros
```

启动 empty_world.launch 文件查看 Gazebo 是否安装完成：

```
$ roslaunch gazebo_ros empty_world.launch
```

成功启动后的界面如图 2-6 所示。

为实现 Gazebo 与 ROS 的集成，需要安装 gazebo_ros_pkgs 功能包。该功能包提供了必要的接口，可实现 ROS 相关功能。命令行安装指令为

```
$ sudo apt-get install ros-melodic-gazebo-ros-pkgs ros-melodic-gazebo-ros-
control
```

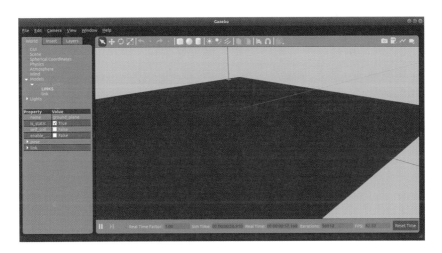

图 2-6 Gazebo 仿真器初始启动界面(Gazebo-9.x)

2.2.2.1 编写 Gazebo 模型配置文件

完成安装后,还需要将 Gazebo 插件配置到 URDF 中,该插件会解析 URDF 中的<Gazebo>标签并加载适当的硬件接口和控制器管理器。默认情况下, gazebo_ros_control 非常简单,它也可以通过二次开发进行扩展,以允许高级用户在 ros_control 和 Gazebo 之间创建自定义机器人硬件接口。在 URDF 中添加如下配置代码:

```
<Gazebo>
  <plugin name="gazebo_ros_control" filename="libgazebo_ros_con-
trol.so">
    <robotNamespace> /MYROBOT</robotNamespace>
  </plugin>
</Gazebo>
```

随后可以通过 gazebo_ros 功能包将参数服务器中的机器人模型导入 Gazebo,其关键实现代码为

```
<!--Load robot description into parameter server of ROS -->
<param name="robot_description" command="$(find xacro)/xacro.py'$
(find schunk_description)/robots/schunk_arm.urdf.xacro'"/>
<!--Run a python script to the send a service call to gazebo_ros to spawn
a URDF robot -->
<node name="urdf_spawner" pkg="gazebo_ros" type="spawn_model" res-
pawn="false" output="screen" args="-urdf -model schunk -param robot_
```

description"/>

上述代码的执行过程是先将机器人模型参数以 robot_description 名称上传至参数服务器，然后 gazebo_ros 中的 spawn_model.py 文件将 robot_description参数表示的机器人显示在 gazebo 中。为了更好地管理 Gazebo 仿真文件，重新创建名为 schunk_gazebo 的功能包。由于暂时不需要依赖其他功能包，因此创建步骤如下：

```
$cd ~/robot_ws/src
$catkin_create_pkg schunk_gazebo
```

在 schunk_gazebo 中创建 launch 目录用于启动 Gazebo 仿真，在 launch 目录中创建 schunk_gazebo.launch 文件，内容如下：

```
<?xml version="1.0"? >
<launch>
    <!--these are the arguments you can pass this launch file, for exam-
ple paused:= true -->
    <arg name="paused" default="false"/>
    <arg name="use_sim_time" default="true"/>
    <arg name="gui" default="true"/>
    <arg name="headless" default="false"/>
    <arg name="debug" default="false"/>
    <!--We resume the logic in empty_world.launch, changing only the
name of the world to be launched-->
    <include file="$(find gazebo_ros)/launch/empty_world.launch">
        <arg name="world_name" value="$(find schunk_gazebo)/worlds/
default.world"/>
        <arg name="debug" value="$(arg debug)" />
        <arg name="gui" value="$(arg gui)" />
        <arg name="paused" value="$(arg paused)"/>
        <arg name="use_sim_time" value="$(arg use_sim_time)"/>
        <arg name="headless" value="$(arg headless)"/>
    </include>
    <!--Load robot description into parameter server of ROS-->
    <param name="robot_description" command="$(find xacro)/xacro.py '$
(find schunk_description)/robots/schunk_arm.urdf.xacro'" />
    <!--Run a python script to the send a service call to gazebo_ros to
spawn a URDF robot-->
    <node name="urdf_spawner" pkg="gazebo_ros" type="spawn_model"
```

```
respawn="false" output="screen" args="-urdf -model schunk-param robot_
description "/>
</launch>
```

通过 include 方式调用 gazebo_ros 功能包中的 empty_world. launch 文件，该文件主要用来启动空场景的 Gazebo 仿真器。＜arg＞标签中的内容为参数的名称和值，其中标签名为 world_name 的参数用于设置 Gazebo 仿真器的环境，主要包括光线、重力、视角等在内的外在因素参数。

在终端中通过 roslaunch 启动 schunk_gazebo. launch 文件：

```
$ roslaunch schunk_gazebo schunk_gazebo.launch
```

Gazebo 仿真器启动后，就能够看到机器人模型，由于没有启动各关节的控制器，机械臂在重力影响下会整个滑落垮掉。为简单观察仿真器中模型的渲染效果，可通过图形用户界面(GUI)最下面一排工具栏上的停止按钮停止仿真过程。甚至可以在 Gazebo 中添加一个聚光灯和一个泛光灯并设置它们的位置亮度等参数，使效果尽可能逼真，最后将其保存到. world 文件中即可。Schunk lwa-sdh 在 Gazebo 中加载完成的效果如图 2-7 所示。

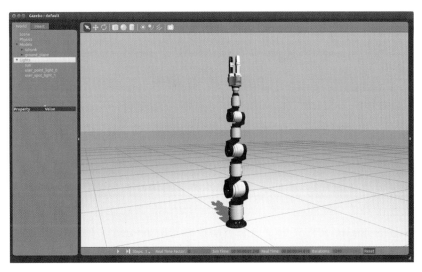

图 2-7　Schunk lwa-sdh 在 Gazebo 中加载完成的效果

至此，可能读者有这样的疑问：似乎我们并没建立任何的数学关系式或描述，机械臂的动力学模型是如何创建的呢？我们不妨一起回顾下第 1 章物理引擎的内容，Gazebo 默认启用的是 ODE。通过配置文件，ODE 能够从 robot_description 参数中读取连杆和关节的物理参数,包括与动力学模型相关的连杆的质量、惯量和质心,以及 Gazebo 的.world 配置文件中包括的环境重力等参数。ODE 由此可建立机械臂及其所在环境的动力学模型,并计算实时的动力学参数和环境中物体的动力学响应。

2.2.2.2　创建动力学控制器

在底层关节运动控制器上,Gazebo 仿真平台提供 ros_control 真实物理环境仿真控制插件,在机械臂的 URDF 中需要定义其＜transmission＞属性。＜transmission＞作为标准 URDF 描述文件的拓展,主要定义了驱动器与关节之间的关系,如关节的减速比、关节并联运动,以及关节驱动器的位置控制、速度控制和力控制实现等。

对于当前 Schunk 机械臂的关节运动控制,我们设置 Transmission 的类型为基本的 SimpleTransmission 类型,驱动器的硬件类型设置为 EffortJointInterface(),使其支持位置、速度和力控制,简便起见,设置驱动器的减速比为1,即驱动器和关节间为直接连接输出。以机械臂的第一关节 arm_1_joint 的＜transmission＞完整属性设置为例,在 URDF 中＜transmission＞属性设置代码为

```
<transmission name="tran1">
  <type>transmission_interface/SimpleTransmission</type>
  <joint name="joint1">
    <hardwareInterface>EffortJointInterface</hardwareInterface>
  </joint>
  <actuator name="motor1">
    <hardwareInterface>EffortJointInterface</hardwareInterface>
    <mechanicalReduction>1</mechanicalReduction>
  </actuator>
</transmission>
```

在完成硬件配置后,我们需要创建各关节的仿真控制器。首先创建一个用来实现控制器的功能包——schunk_controllers,在该功能包中创建用于存放控制器参数的 config 文件夹以及用来启动控制器的 launch 文件夹。

```
$cd ~/robot_ws/src
$catkin_create_pkg schunk_controllers
$cd schunk_controllers
$mkdir config launch
```

在 config 文件夹中创建轨迹控制器需要的参数文件:lwa_controller.yaml

和 sdh_controller. yaml。在两个文件中添加控制器的参数,其中 lwa_control-
ler. yaml 文件的内容如下:

```
joint_state_controller:
  type:joint_state_controller/JointStateController
  publish_rate: 100

arm_controller:
  type: "effort_controllers/JointTrajectoryController"
  joints:
   -arm_1_joint
   - arm_2_joint
   -arm_3_joint
   -arm_4_joint
   - arm_5_joint
   -arm_6_joint
   -arm_7_joint
```

该文件中定义了名为 joint_state_controller 和 arm_controller 的两个控制
器。joint_state_controller 主要用来发布主题名为 joint_states 的消息,其主要
内容为关节位置、速度、加速度信息。arm_controller 控制器为各个关节设置了
PID 参数、关节运动过程中及目标位置的误差约束条件。

需要注意的是:. yaml 文件对缩进格式敏感,错误的缩进会导致文件无法加
载或配置不生效。

sdh_controller. yaml 文件内容与 lwa_controller. yaml 文件内容非常相似,主
要是针对关节进行 PID 参数设置。为了启动控制器,需要创建启动文件,在
launch 文件夹中创建 schunk_trajectory_controller. launch 文件并添加如下内容:

```
<?xml version="1.0"?>
<launch>
    <!--Load controller config-->
    < rosparam command="load" file="$(find schunk_controllers)/con-
fig/trajectory controller/lwa/lwa_controller.yaml"/>
    < rosparam command="load" file="$(find schunk_controllers)/con-
fig/trajectory controller/sdh/sdh_controller.yaml"/>
    <!--Spawn controller-->
    < node name="arm_controller_spawner" pkg="controller_manager"
type="spawner" args="joint_state_controller arm_controller"/>
    < node name="sdh_controller_spawner" pkg="controller_manager"
```

```
type="spawner" args="sdh_controller"/>
    <!--Launch robot_state_publisher-->
    <node name="robot_state_publisher" pkg="robot_state_publisher" type
="robot_state_publisher" respawn="false" output="screen"/>
</launch>
```

该文件先将控制器的参数上传到 ROS 参数服务器中,利用 controller_
manager 功能包中的 spawner 指令加载控制器,随后 robot_state_publisher 功
能包将关节位置转换到主题为 TF 的各关节坐标系位姿,便于在 Rviz 中显示机
器人的位置状态。测试时,我们启动 schunk_gazebo 功能包中的 schunk_gaze-
bo. launch 文件,导入机器人模型并启动 schunk_controllers 功能包中的
schunk_trajectory_controller. launch 文件,启动控制器:

```
$ roslaunch schunk_gazebo schunk_gazebo.launch
$ roslaunch schunk_controllers schunk_trajectory_controller.launch
```

此时不需要暂停仿真,机械臂以及三指灵巧手都能够保持初始姿态。通过
终端打印 ROS 的主题列表,可以查看机械臂控制器的 action 消息(见图 2-8)。

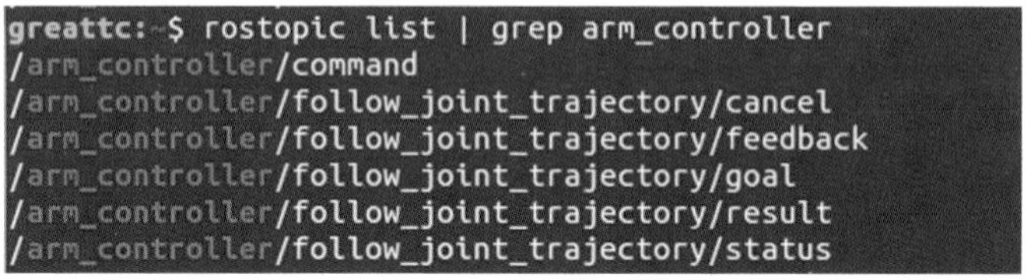

图 2-8　完成控制器加载后的机械臂控制器消息列表

任务的实施需要客户端和服务端两部分,客户端可以向服务端发送目标
(goal)或者取消(cancel)指令,而服务端能够向客户端反馈状态(status)、反馈
(feedback)和结果(result)三部分。Gazebo 中的控制器相当于服务端,它能够
接收客户端传来的目标并按照要求运动。接下来,通过编写 ROS 节点的方法
创建与服务端联系的客户端即可实现在 Gazebo 中机械臂的运动控制仿真。

2.3　机械臂运动仿真

下面我们将首先借助 Gazebo 仿真器的高逼真刚体动力学仿真性能,实现
Schunk 七自由度机械臂的直线、圆弧和自运动的插值运动;随后,通过一个简

单的刚体机械臂操作刚体对象的操作任务,展示如何实现基于简单的点对点插值运动的机器人操作任务仿真。

2.3.1　基本运动仿真

机械臂的基本运动是点对点(point-to-point)的运动,一般包括关节空间的运动、末端的直线运动和圆弧运动,可分别对应常用商业机械臂的 MoveJ、MoveL 和 MoveC 操作指令。在机械臂控制器内部,完成这些运动需进行大量的运动解算和控制工作。下面我们将仿真实现机械臂的点对点运动。

为了实现机械臂的插值运动仿真,在仿真器 Gazebo 中我们采用位置控制。创建 schunk_motion 功能包,需要依赖的功能包有 roscpp、actionlib 和之前创建的 schunk_kinematics。

```
$ cd~/robot_ws/src
$ catkin_create_pkg schunk_motion roscpp actionlib schunk_kinematics
```

为了实现机械臂和灵巧手的简单运动,在 schunk_kinematics 包 src 文件夹中添加 arm_navigation. cpp、sdh_navigation. cpp 两个源文件及其对应的头文件。这两个文件实现的功能是将机械臂关节的运动控制参数填入 ros_control 对应的运动控制接口中。对应的 CMakeLists. txt 中的配置为

```
find_package(catkin REQUIRED COMPONENTS
  actionlib
  roscpp
)
find_package(Eigen REQUIRED)

catkin_package(
  INCLUDE_DIRS include
  LIBRARIES
  schunk_kinematics
  arm_navigation
  sdh_navigation
  CATKIN_DEPENDS actionlib roscpp
  DEPENDS system_lib Eigen
)
add_library(arm_navigation src/arm_navigation.cpp)
target_link_libraries(arm_navigation ${catkin_LIBRARIES})
add_library(sdh_navigation src/sdh_navigation.cpp)
```

```
target_link_libraries(sdh_navigation ${catkin_LIBRARIES})
```

2.3.1.1 直线插值运动

完成上述创建、编译两个文件之后,在文件夹 src 中创建 simple_motion_line.cpp 文件来控制机器人实现直线插值运动。

simple_motion_xx.cpp 程序的模板如下:

```
#include<schunk_kinematics/arm_kinematics.h>
#include<schunk_motion/arm_navigation.h>
#include<schunk_motion/sdh_navigation.h>

int main(int argc, char* * argv)
{
/****************************************************
related parameter description
  IK0 (7x1) Current joint position of arm
  IK (7x1) Desired joint position of arm solved by ik
  Linklen(7x1) vector to store the link length of the arm
  Goal(4x4) the end-effector desired Matrix
****************************************************/
    ...
    VectorXd seta(7), Linklen(7), IK0(7), IK(7), sdh_ik(8);
    MatrixXd Goal(4,4);

    IK0<<0.0,0.0,0.0,0.0,0.0,0.0,0.0;
    Linklen<<0.3,0.0,0.328,0.0,0.276,0.0,0.2997;
    Goal<<0.0, 0.0, 1.0, 0.7, 1.0, 0.0, 0.0, 0.0, 0.0, 1.0, 0.0, 0.38,
0.0, 0.0, 0.0, 1.0;

    arm_navigation arm_move;
    control_msgs::FollowJointTrajectoryGoal arm_goal;
    inverse_kinematics(IK, Linklen, Goal, false, 0);
    minimum_energy(IK, IK0);
    arm_goal=arm_move.ExtensionTrajectory_lwa(IK);
    arm_goal.trajectory.points[0].time_from_start=ros::Duration(3);
    arm_move.startTrajectory_lwa(arm_goal);

    //Wait for trajectory completion
    while((!arm_move.getState_lwa().isDone()) && ros::ok()) {
        usleep(5000);
    }
```

```
    return 0;
}
```

上述代码能够发送运动学解算后的关节点位置到 arm_navigation,经其填入关节控制器实现关节的可控运动,最终实现机械臂的运动。后续所有点对点运动的程序均可基于此模板扩展得到。

设定在直线插值运动中,机器人三指手爪抓取中心点的位置为(0.4,−0.4,0.6),目标位置为(0.4,−0.4,0.3),整个过程中末端执行器姿态保持不变。插值计算得到起点和目标点间等间距的中间点所对应的关节位置序列,并将其以列表的形式填入程序中。

simple_motion_line.cpp 编译成功后,就能够实现机器人的简单运动仿真了。操作步骤为:先启动 Gazebo 并导入模型;然后启动控制器;最后运行编译成功的 simple_motion_line 节点。需要注意的是,由于 Gazebo 的启动和加载需要耗费大量的系统资源,在 simple_motion_line 节点运行之前需等待Gazebo 完全准备好,尤其是对于性能较差的计算机,要给 Gazebo 足够的时间加载 controller_manager。最终,仿真环境中的机器人将按照程序中指明的直线方式运动(见图 2-9)。

```
$ roslaunch schunk_gazebo schunk_gazebo.launch
$ roslaunch schunk_controllers schunk_trajectory_controller.launch
$ rosrun schunk_motion simple_motion_line
```

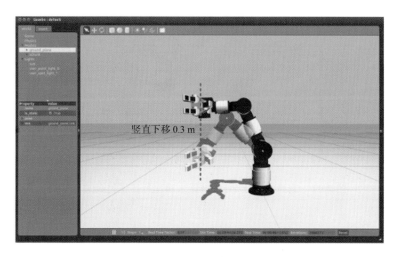

图 2-9　直线插值运动,机械臂末端竖直下移 0.3 m

在上述仿真过程中,机器人的位置控制频率为 100 Hz,通过离线计算的方式得到机器人关节角度与时间的关系。创建轨迹发布客户端节点,并与 Gazebo 服务器相连接,即客户端发布的消息能够正确地被 Gazebo 接收到,这样才能够保证消息的连通。如图 2-10 所示,椭圆形代表节点,箭头指向为消息发布方向。Gazebo 服务端接收 100 Hz 的运动指令并及时反馈机器人关节的当前状态。

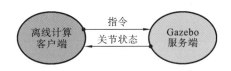

图 2-10　离线计算客户端与 Gazebo 服务端之间的通信

2.3.1.2　圆弧插值运动

圆弧插值运动的过程与直线插值运动的过程非常相似,只需要将离线计算的数据更改为圆弧插值计算出的数据即可。图 2-11 所示为圆弧插值运动仿真过程,末端执行器初始位置为$(0.7,0.0,0.6)$,空间圆弧的旋转中心点为$(0.7,0.0,0.4)$,圆弧半径为 0.2 m,目标位置为逆时针旋转 $90°$ 后的位置,整个过程中末端执行器姿态保持不变。

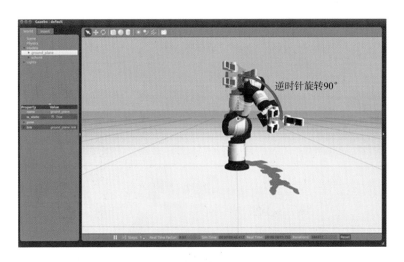

图 2-11　圆弧插值运动,机械臂末端执行器逆时针旋转 $90°$

2.3.1.3　自运动插值运动

自运动插值运动与前两种插值运动的方法有所不同,在机器人处于任一位置的时候,首先需要获取机器人当前的关节角度,从而计算出机械臂三角形平面的角度,通过给定机械臂平面旋转方向及角度的方式实现机器人的自运动。离线计算出各关节角度时间函数,再利用客户端将运动参数发送给仿真器,从而实现机器人的自运动仿真(见图 2-12)。将机械臂沿着向量 $\overrightarrow{SW}$ 方向逆时针旋转 30°后得到图 2-12 右图所示的状态。

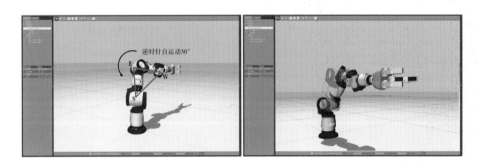

图 2-12   自运动插值运动

2.3.2   点对点复杂运动仿真

机器人的复杂运动可以理解为一系列连续的简单动作的组合,比如移动物品时,机械臂需要先运动到预抓取位置,灵巧手才能实现抓取操作,抓取完后机械臂需要返回到目标放置位置,灵巧手放下物品完成整个移动操作过程。

2.3.2.1   目标轨迹跟踪实例

点对点复杂运动最直接的作用是实现机械臂对目标复杂轨迹的跟踪,其本质是对复杂轨迹的离散化描述。目标轨迹跟踪在实际场景中的应用实例有焊缝跟踪、点胶、密封涂胶等。以应用于球鞋生产过程中的机械手自动涂胶工艺为例:可以通过对基于图像提取得到的鞋样边缘轮廓进行采样点离散,得到沿目标轨迹轮廓均匀分布的末端位置;求取每个采样点处的法向量并以此作为涂胶针的方向;将位置和方向组合起来得到系列末端点位姿序列;求解每一个位姿序列对应的关节位置序列,并将其以列表的形式填入程序中。最终完成的操作仿真关键过程如图 2-13 所示。

2.3.2.2   抓取操作仿真实例

基于示教或目标识别定位获取操作点位姿后,通过机械臂的点对点运动能够完成一部分的简单操作任务,例如,项目研究中的一个基于 RGBD 信息的目

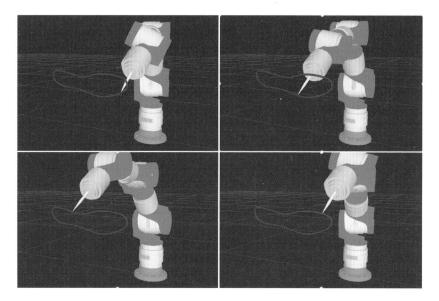

图 2-13 机械臂对非规则曲线轨迹的跟踪过程

标抓取实验[5]。其目标应用场景是在家居等环境中,基于 Kinect 传感器获取场景信息进行目标的识别与定位,随后基于目标的位姿信息指导机器人进行抓取等操作,实现助老助残等应用。

Kinect 传感器(以 XBOX 360 为例)共有三个镜头,中间的镜头为 RGB 摄影机,左边镜头为红外线发射器,右边的镜头为深度感应器。Gazebo 能够完全模拟 Kinect 的功能。我们选取 Kinect 传感器、Schunk 七自由度机械臂与 SDH 三指灵巧手为硬件平台,在 Gazebo 仿真器中构建虚拟场景(见图 2-14)。场景中,我们在实验台上放置一个黄色水杯,并在水杯内放置一个小球,机器人需要抓取水杯并将杯内的小球倒出。

Gazebo 中的场景搭建可以通过外部建模导入,也可以直接利用基本的形状。为了实现复杂运动仿真,在 Gazebo 场景中添加了实验台及抓取用的杯子和小球。启动整个仿真场景的命令如下:

```
$ roslaunch schunk_gazebo grasp_cup.launch
$ roslaunch schunk_controllers schunk_trajectory_controller.launch
$ roslaunch schunk_gazebo cup.launch
$ roslaunch schunk_gazebo sphere.launch
```

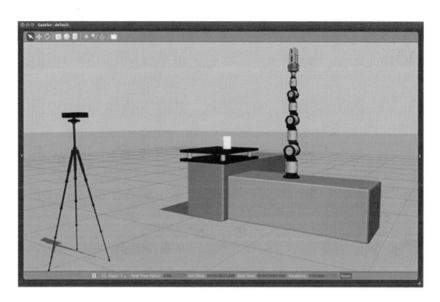

图 2-14 基于 Kinect 传感器的目标抓取与操作仿真实验场景

分析可知,实现该仿真我们需要:① 借助 Gazebo 的虚拟传感器功能,得到场景中 Kinect 传感器输出的信息,并基于该信息得到目标位姿;② 进行机械臂与杯子抓取接触时的摩擦力仿真,以实现杯子的稳定抓取和提起操作;③ 小球在重力作用下从杯中倾倒出,并自由落到桌面,随后与桌面碰撞,甚至掉落到地面等。故将整个倒小球任务过程分为如下六个子任务:① 机械臂运动到预抓取位置;② 机械臂向前运动,灵巧手抓取水杯;③ 机械臂旋转末端关节使得小球能够从杯中滑出;④ 机械臂反向旋转,水杯保持直立状态;⑤ 机械臂向下移动,灵巧手放下水杯;⑥ 机械臂返回初始位置。

Kinect 识别水杯的算法比较简单且成熟。水杯的颜色(黄色)与环境颜色差异较大,通过颜色分割的方式可以提取出水杯的基本轮廓。在仿真时 Kinect 扫描出的环境点云图像(见图 2-15)中,水杯的点云图像也比较清晰(实际场景中点云图像不会这么清晰)。为此,我们可根据 Kinect 点云信息提取出水杯中心轴线与 Kinect 图像坐标系的距离并转换到机器人基坐标系。

在具体实现上,ROS 中复杂运动与简单运动的仿真过程比较相似,只需要将任务分解成不同的子任务,通过 actionlib 机制,创建客户端并向服务端发送目标指令,服务端就能够控制机器人的关节按照目标要求运动。

获取目标抓取位姿后,利用机器人逆运动学算出目标位置的关节角度。机

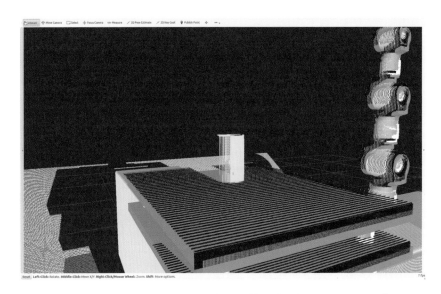

图 2-15　Gazebo 中虚拟 Kinect 传感器获取的目标区域 RGBD 图像

械臂将水杯翻转过来，倒出杯中小球，方法较为简单，在 schunk_kinematics 功能包 src 文件夹中创建 grasp_demo.cpp 文件并用 catkin_make 指令编译整个功能包。在 grasp_demo.cpp 文件中定义抓取操作的多个子任务，机器人需要根据子任务的完成结果规划下一步的运动。操作仿真关键过程如图 2-16 所示[7]。

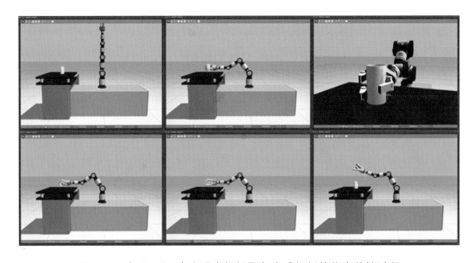

图 2-16　在 Gazebo 中实现水杯抓取与小球倾倒的仿真关键过程

2.4　机械臂运动规划

机器人如何从初始状态无碰撞地运动到目标状态是机器人路径规划的主要问题之一。对于上述点对点的运动规划,一般先人工离线预规划出大致的运动路径,随后通过在线示教或视觉辅助等方式获取机器人坐标系下机器人在中间若干个途经点的位姿,再通过基本的插值运算计算包含途经点的轨迹。这种方式简单直接,被广泛应用于一般简单重复工业场景下的机器人操作。而对于封闭环境与特殊环境(如医用)下的机器人操作,其存在无碰撞、最短路径、机械功最小等各类约束,以及多自由度高维空间等问题,单纯的人工点对点示教任务量过大,需要示教大量的中间点才能完成。因而,运动规划及其算法是提升机器人任务操作能力的必然选择。

2.4.1　高维空间随机采样规划

路径规划问题可视为一个约束条件下的优化问题,机器人所处环境障碍物及自身的运动状态都构成对机器人路径规划的约束,路径规划需要通过特定的搜索策略在该约束下找到满足要求的路径[8,9]。全局路径规划和局部路径规划是两种典型的机器人路径规划方法,均有其对应的应用场景。在已知机器人所处环境信息的条件下,全局路径规划往往能获得最优解,应用范围较广,发展分支较多。

全局路径规划主要有栅格分解法、拓扑法、构型空间法、可视图法及基于随机采样的规划方法等。栅格分解法、构型空间法、可视图法、拓扑法等方法都需要将搜索空间划分为确定的区域,不同方法的区域划分方式有所区别。基于随机采样的规划方法主要包括概率路标图(PRM)算法和快速扩展随机树(RRT)算法两种。利用 PRM 法进行路径规划之前需要对路标图进行预处理,当环境发生变化时,之前的路标图就会失效[10],所以 PRM 算法并不是很适合动态环境。相比于 PRM 算法,RRT 算法不需要对环境进行预处理,而且在需要满足系统动力学约束时也具有良好的规划结果[11]。

RRT 算法由美国学者 S. M. LaValle 于 1998 年提出。RRT 算法采用类似于"树木枝叶生长"的方式进行节点的采样和拓展(见图 2-17(a))[12,13],在启发式搜索的辅助下,RRT 算法能够更快地搜索到目标区域。对于包含障碍物及机器人状态微分约束的路径规划问题,RRT 算法也能够发挥出自身的优势。为了提高算法的效率和性能,J. J. Kuffner 和 S. M. LaValle 提出了 RRT-connect[13],从起始状态和目标状态并行生成两棵快速扩展随机树,两棵树相向扩展直至相遇,成功搜索到运动路径(见图 2-17(b)),这种方式有效提高了节点扩展和目标搜索的效率。RRT 算法的出现解决了高自由度机器人的规划问题,具有传统规划算法无法比拟的性能。

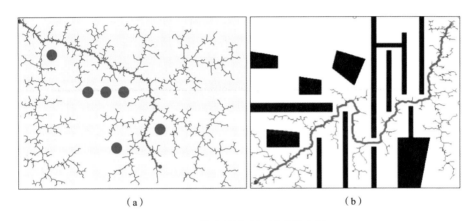

（a）   （b）

图 2-17   快速扩展随机树法示意图

（a）经典 RRT 路径搜索结果；（b）RRT-connect 路径搜索结果

RRT 算法是概率完备的,也就是说,如果在机器人自由工作空间有足够多的采样点且存在有效路径,RRT 算法就大概率能够搜索到满足要求的路径[14]。RRT 算法中随机采样、节点拓展、碰撞检测等环节都是目前机器人运动规划领域的研究热点。对 RRT 算法来说,规划的大部分时间都被碰撞检测环节占用了。快速碰撞检测技术的发展提高了 RRT 算法在复杂非结构化环境中的规划性能。

2.4.1.1   RRT 随机采样规划方法

RRT 算法的基本思想是在搜索空间中从机器人初始点开始进行搜索,在可行空间中随机采样并拓展搜索树,搜索树覆盖目标点区域后即停止生长。将有 k 个节点的搜索随机树称为 T_k。x_{int} 为初始状态,x_{goal} 为目标状态,x_{rand} 为在构型空间中随机选取的状态点,采用不断产生随机点并扩展 RRT 搜索树枝叶的方法直到搜索到目标位置。RRT 搜索随机树构造的伪代码如下[12]:

BUILD_RRT(x_{int})

1   T. init(x_{int})

2   **for** $k=1$ **to** K **do**

3 $x_{\text{rand}} \leftarrow \text{RANDOM\_STATE}()$

4 $\text{EXTEND}(T, x_{\text{rand}})$

5 **return** T

遍历搜索随机树 T_k，找到与 x_{rand} 距离最近的叶子节点 x_{near}，$\text{dist}(x_{\text{near}}, x_{\text{rand}})$ 代表构型空间中两个节点之间的尺度函数，用来表示两个节点之间的距离。如果 $\text{dist}(x_{\text{near}}, x_{\text{rand}}) < L$，则表示搜索随机树已经延伸到目标区域，反之，则在 x_{near} 与 x_{rand} 的连线上求 x_{new} 且 $\text{dist}(x_{\text{near}}, x_{\text{new}}) = \varepsilon$，$\varepsilon$ 代表搜索步长。如果 x_{new} 没有超出关节限制且没有与障碍物发生碰撞，则搜索随机树增加一个新的节点，否则重新随机生成 x_{rand} 节点，重复以上过程，直到达到目标点区域。RRT 搜索随机树枝叶拓展的伪代码如下[12]：

$\text{EXTEND}(T, x)$

1 $x_{\text{near}} \leftarrow \text{NEAREST\_NEIGHBOR}(T, x)$

2 **if** $\text{NEW\_STATE}(x, x_{\text{near}}, x_{\text{new}}, u_{\text{new}})$ **then**

3   $T.\text{add\_vertex}(x_{\text{new}})$

4   $T.\text{add\_edge}(x_{\text{near}}, x_{\text{new}}, u_{\text{new}})$

5   **if** $x_{\text{new}} = x$ **then**

6   **return** Reached

7   **else**

8   **return** Advanced

9 **return** Trapped

节点拓展是 RRT 路径搜索的关键环节，启发式搜索的方法为路径搜索提供了新的思路。目标导向性是 RRT 规划节点拓展的重要思路，向目标位置直接拓展的方法加速了 RRT 搜索的过程。为了保持随机性，仍然需要一部分的随机拓展，从而在随机拓展和目标导向性拓展之间形成一个平衡。常用的采样过程伪代码如下[12]：

$\text{SAMPLE}(T)$

1 $p \leftarrow \text{RADOM}(0, 1)$

2 **if** $p < p_{\text{goal}}$ **then**

3   **return** goal

4 **else**

5   **return** $\text{RANDOM\_NODE}()$

设置 p_{goal} 的大小，利用随机概率控制 RRT 搜索随机树是朝着目标点的位置生长还是随机生长,从而在漫无目的的搜索中寻找可行的生长方向。随机生长的目的主要是逃脱最小值区域从而保持算法的完备性。

2.4.1.2 2D场景RRT规划算法实例

2D场景下RRT规划的一个典型应用是家居等复杂非结构化环境下的移动机器人路径搜索,如扫地机器人、仿人机器人移动操作[14-16]。实例首先创建schunk_rrt功能包,需依赖roscpp、schunk_kinematics运动学功能包和fcl碰撞检测功能包。

```
$ cd ~/robot_ws/src
$ catkin_create_pkg schunk_rrt roscpp schunk_kinematics fcl
```

在src/2d_rrt文件夹下,RRT二维规划主要包含五个C++工程文件(见表2-1);RRT算法规划出的路径以文本格式存于data/2d_rrt目录下(见表2-2),而最后基于Marker的二维场景和结果显示是由Python语言实现的脚本代码,存放在schunk_rrt/scripts/2d_rrt下(见表2-3)。

表 2-1　RRT二维规划算法实现工程文件

src/2d_rrt 文件夹下的文件	作　　用
kdtree.c	K-d 树函数库
2d_rrt.cpp	二维静态 RRT 规划库
test_2d_rrt.cpp	二维静态 RRT 规划测试
dynamic_rrt.cpp	二维动态 RRT 规划库
test_dynamic_rrt.cpp	二维动态 RRT 规划测试

表 2-2　RRT二维规划过程中的数据存储文件

data/2d_rrt 目录下的文件	作　　用
coordinates.dat	静态规划出的二维坐标
dynamic_coords.dat	动态规划出的二维坐标
obstacle_position.dat	静态障碍物的位置坐标
rrt_tree.dat	RRT 搜索随机树的节点坐标

表 2-3　基于 Marker 的二维场景和结果显示文件

schunk_rrt/scripts/2d_rrt 目录下的文件	作　　　用
path_marker.py	二维静态 RRT 规划路径 Marker
robot.py	机器人初始目标位置 Marker
rrtTree.py	二维静态 RRT 规划搜索随机树 Marker
obstacles.py	二维静态 RRT 规划障碍物 Marker
dynamic_path.py	二维动态 RRT 规划路径 Marker
border.py	二维静态 RRT 规划边界 Marker

实例显示界面基于 Rviz 实现。Rviz 软件是 ROS 提供的消息可视化工具，相对于 Gazebo，其在不需要动力学引擎的场景下运行轻便流畅。其提供了一种可视化的工具 Marker（标记），Marker 为 ROS 的特殊图层样式，对于方体、球体、圆柱体等基本形状和模型，meshes 文件都可以以 Marker 的形式在 Rviz 中显示出来。Marker 是可视化的模型，然而其并不是真实存在的，不需要设置任何真实物理属性。在 Rviz 中设置五个显示不同类别信息的 Marker，保存在 2d_rrt.Rviz 配置文件中，同时编写默认场景的 launch 启动文件。随后，启动 Rviz 并读取默认的配置参数。

```
$ roscore
$ roslaunch schunk_rrt 2d_rrt.launch
```

在 PyCharm 中打开表 2-3 中的 Python 文件，先运行 robot.py 文件和 obstacles.py 文件，得到图 2-18 所示的 Rviz 中的实验环境障碍物图。

通过 Marker 在图中创建红色圆点代表平面移动机器人的初始位置，右上方的绿色圆点代表机器人的目标位置，深蓝色小方块的位置是随机生成的，其代表了二维环境中的静态障碍物，图中一共存在 30 个方形障碍物（实际随机生成时方形障碍物可能存在重叠）。RRT 规划器节点通过接收障碍物信息主题的消息获取所有小方块的位置，当规划器感知到环境信息后便能够规划出合理的运动路径。

运行 test_2d_rrt 程序，RRT 算法能够根据目前环境信息寻找到合适的规划路径。

```
$ rosrun schunk_rrt test_2d_rrt
```

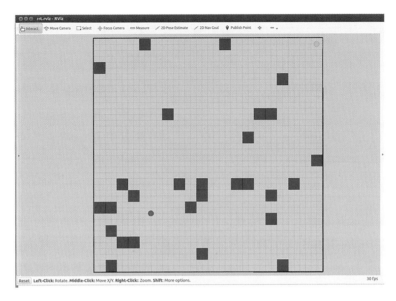

图 2-18　二维 RRT 算法规划场景(场景 1)

运行成功后,coordinates. dat 文件和 rrt_tree. dat 文件会存储规划的结果信息,再运行 path_marker. py 和 rrtTree. py,在 Rviz 中会显示出规划的路径(黄色)和搜索树(红色)结果(见图 2-19)。

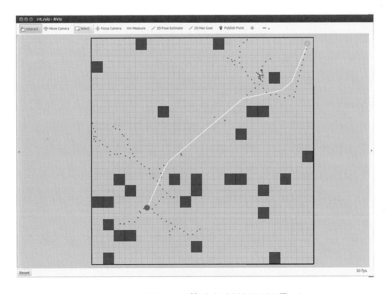

图 2-19　二维 RRT 算法规划结果(场景 1)

为了测试 RRT 算法的成功率和运行时间,运行 test_dynamic_rrt 程序,动态生成三种不同障碍物环境的场景,每个场景重复随机规划算法 2000 次,统计 RRT 规划的总时间以及成功率。其中三次的场景结果如图 2-20 所示;规划统计具体数据结果如表 2-4 所示。

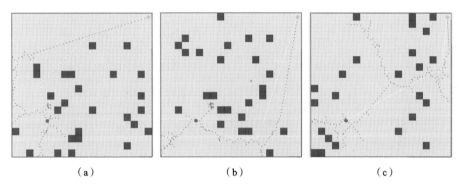

（a）　　　　　　　　　　（b）　　　　　　　　　　（c）

图 2-20　二维 RRT 算法规划结果

（a）场景 2;（b）场景 3;（c）场景 4

表 2-4　二维 RRT 规划统计结果(2000 次/场景)

规 划 场 景	规划总时间/s	平均时间/s	成 功 率
1	74.7848	0.03739	2000/2000
2	77.0710	0.03854	2000/2000
3	78.4444	0.03922	2000/2000
4	81.6383	0.04082	1991/2000

2.4.1.3　3D 场景 RRT 规划算法实例

3D 场景下 RRT 规划的典型应用是复杂场景下的无人机等的飞行路径搜索,以及动态非结构化场景中的机械臂操作路径搜索。本实例中我们选取静态和动态障碍物场景下 Schunk 机械臂的运动规划任务来展示如何构建 3D 场景下的机械臂运动规划及其仿真实现。

在第 2.4.1.2 节创建的 schunk_rrt 功能包的 src/arm_rrt 文件夹下,RRT 三维规划主要包含五个 C++工程文件(见表 2-5);RRT 算法规划出的路径以文本格式存于 data/arm_rrt 目录下,在 data 中有四个文件(见表 2-6);可视化 Marker 需要运行 scripts/arm_rrt 目录下的 Python 文件,在该目录下共有七个

Python 文件(见表 2-7)。

表 2-5　RRT 三维规划算法实现工程文件

src/arm_rrt 文件夹下的文件	作　用
cubic.cpp	三次样条线函数库
arm_rrt.cpp	高维静态 RRT 规划库
test_arm_rrt.cpp	高维静态 RRT 规划测试
dynamic_rrt.cpp	高维动态 RRT 规划库
test_dynamic_rrt.cpp	高维动态 RRT 规划测试

表 2-6　RRT 三维规划过程中的数据存储文件

data/arm_rrt 目录下的文件	作　用
joints.dat	静态规划出的高维关节空间轨迹
points.dat	静态规划出的高维任务空间轨迹
mpoints.dat	路径优化后的任务空间轨迹
smooth_joints.dat	路径圆滑后的关节空间轨迹

表 2-7　基于 Marker 的三维场景和结果显示文件

scripts/arm_rrt 目录下的文件	作　用
robot.py	机器人初始目标位置 Marker
obstacle.py	高维静态 RRT 规划障碍物 Marker(球体)
path_marker.py	高维静态 RRT 规划路径 Marker
obstacles2.py	高维静态 RRT 规划障碍物 Marker(方体)
obstacles3.py	高维静态 RRT 规划障碍物 Marker(方体)
dynamic_goal.py	高维动态 RRT 规划起始目标位置 Marker
dynamic_path.py	高维动态 RRT 规划任务空间轨迹 Marker

　　在 Rviz 中设置三个显示不同类别信息的 Marker,保存在 3d_rrt.rviz 配置文件中,同时编写包含 schunk_description 的默认场景的 launch 启动文件。随后,启动 Rviz 并读取默认的配置参数,在 Rviz 中将会出现机械臂模型。

```
$ roscore
$ roslaunch schunk_rrt 3d_rrt.launch
```

在 PyCharm 中运行 robot.py 文件和 obstacle.py 文件，在 Rviz 中将会出现机器人的始末位置 Marker 和障碍物 Marker。三维静态场景下机械臂 RRT 算法运动规划场景(场景 1)如图 2-21 所示。

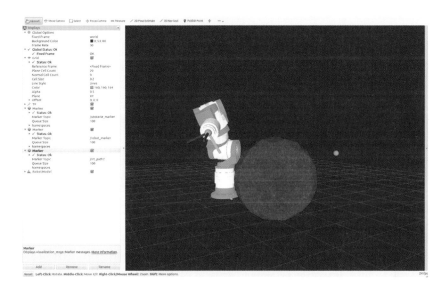

图 2-21　三维静态场景下机械臂 RRT 算法运动规划场景(场景 1)

机械臂末端执行器当前位置的关节角度为(0.84，1.21，0.0，0.63，0.0，0.0，0.0)，已知搜索的目标位姿为

$$
\boldsymbol{T}_{\mathrm{goal}} = \begin{bmatrix} -0.032 & 0.565 & 0.825 & 0.620 \\ 0.022 & 0.825 & -0.564 & -0.424 \\ -0.999 & 0 & -0.0392 & 0.341 \\ 0 & 0 & 0 & 1 \end{bmatrix}
$$

利用机械臂逆运动学求解出目标位姿合理的关节角度为(−0.6，1.20，0.0，0.63，0.0，−0.22，0.0)，始末位置用橘红色的小圆球标记。红色的球体为障碍物，其半径为 0.2 m，球心位置在点(0.5，0.1，0.3)处，RRT 规划器需要规划出机械臂与球形障碍物不发生碰撞的运动路径。

对于三维空间内的轨迹搜索任务，碰撞检测是 RRT 算法中重要的一部分，是采样点是否可行的主要判断依据，同时也是 RRT 规划中最消耗时间的环节。

开源碰撞检测库(flexible collision library，FCL)提供了物体碰撞检测和物体接近距离的计算[17]。FCL能够检测传统三角面片以及球体、方体、柱体等基本形状体的碰撞或距离信息。除此之外，它还能对点云之间的碰撞进行检测。FCL碰撞检测效率高，用时短，非常适合用于 ROS，所以在 RRT 算法中使用 FCL。Schunk 机械臂的外轮廓包络较为简单，除了固定的底端关节不用考虑之外，其他的六个关节可用六个圆柱体包围起来，如图 2-22 所示。

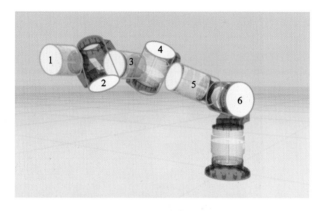

图 2-22　机械臂碰撞检测包络圆柱体

圆柱体的截面半径和圆柱体的长度都可以用机械臂原有尺寸乘以膨胀系数得到，基本形状圆柱体在 FCL 碰撞检测环节中消耗的计算时间较少，这对动态规划算法来说非常有必要。机械臂碰撞检测包络圆柱体的参数如表 2-8 所示，主要包括圆柱体的截面半径以及圆柱体上下底面的轴向长度。

表 2-8　机械臂碰撞检测包络圆柱体参数

圆柱体	1	2	3	4	5	6
截面半径/m	0.04	0.05	0.05	0.06	0.06	0.07
轴向长度/m	0.1785	0.14	0.276	0.16	0.3	0.17

当 RRT 对采样点的合理性进行检验时，将分别检测处于采样状态的关节是否超限，以及机器人当前是否发生碰撞。关节超限检验基于 URDF 中的关节参数；机器人碰撞检测的过程需要用到 FCL，具体过程为先通过机器人的正运动学计算出各个连杆坐标系的姿态，从而给定六个构造圆柱体的中心位置和轴向方向。利用 FCL 从最外的圆柱体开始与环境障碍物逐一进行碰撞检测，只

要存在碰撞则重新采样并重复上述碰撞检测过程。

完成上述配置后，启动 schunk_rrt 功能包中的手臂 RRT 规划程序，RRT 算法能够根据始末位置及障碍物位置规划路径。RRT 搜索的基本参数设置如表 2-9 所示。

```
$ rosrun schunk_rrt test_arm_rrt
```

表 2-9　RRT 搜索参数设置

RRT 参数	步长/rad	最大搜索步数	最大搜索层数	停止搜索条件
参数值	0.05	10000	60	$p \leqslant 0.05$

可在终端打印出最终搜索树的层数、轨迹速度发生变换的节点（Knot point）以及单次规划所用的时间（见图 2-23）。

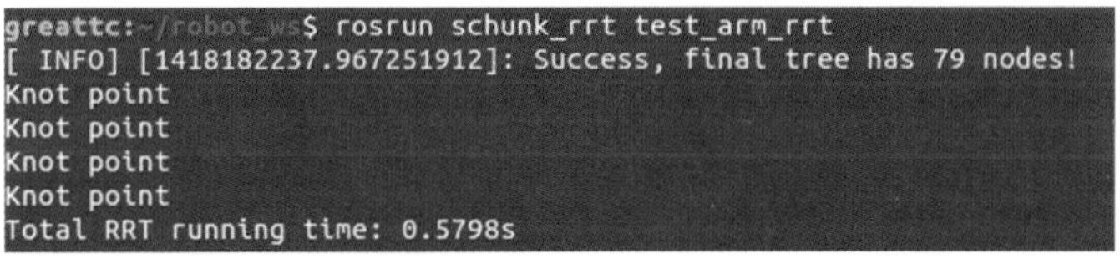

图 2-23　在终端打印出的单次 RRT 算法输出结果（场景 1）

此处，我们单独测试了基于 FCL 的碰撞检测方案的性能，在图 2-21 所示场景中重复进行 1000 次实验，统计了六个包络圆柱体的碰撞次数，如表 2-10 所示。

表 2-10　1000 次 RRT 搜索包络圆柱体碰撞次数统计

包络圆柱体	1	2	3	4	5	6
总碰撞次数	1050	84338	8714	0	0	0
平均碰撞次数	1.050	84.338	8.714	0	0	0

最后，挑选某一次的规划结果，在 PyCharm 中运行 path_marker.py 文件，在 Rviz 中会显示出规划出的轨迹（紫色）结果（见图 2-24）。

为了测试不同场景下 RRT 算法的成功率和运行时间，另外选取了图 2-25 所示的三种障碍物场景重复进行 RRT 算法的轨迹规划实验。在图 2-25 中，场景 2 为没有障碍物的环境，场景 3 为有一个小方块障碍物的环境，场景 4 为有两个小方块的障碍物环境。图中的绿线均表示规划出的运动轨迹，规划器能够得到有效的无碰撞轨迹。

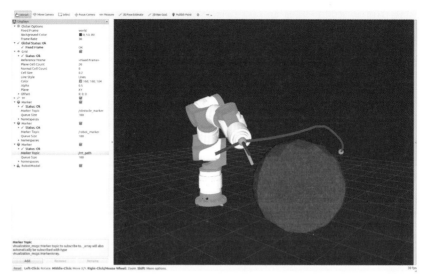

图 2-24 三维静态场景下 RRT 算法规划结果(场景 1)

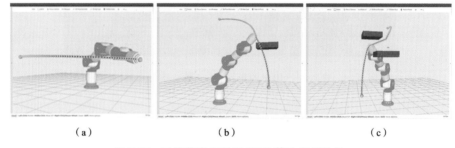

（a） （b） （c）

图 2-25 三维静态场景下 RRT 算法规划结果

（a）场景 2;（b）场景 3;（c）场景 4

在图 2-25 所示的三类场景中,分别进行 1000 次重复规划实验,统计 RRT 规划的总时间,并计算平均单次规划时间,具体数据结果如表 2-11 所示。

表 2-11 三维静态场景下 RRT 规划统计结果(1000 次/场景)

规 划 场 景	平均碰撞检测次数	平均时间/s
2	0.0	0.0036
3	1464.5	0.0627
4	1599.5	0.0706

从统计表中可以看出算法执行效率非常高,单次搜索消耗时间低于 100 ms,能够满足机器人操作的动态规划要求。

接下来,我们将在前述已经实现的仿真环境和程序功能的基础上,继续进行动态场景下的规划实验。我们通过外部操作指令人为控制障碍物的位置来模拟动态环境,具体实现上,利用游戏手柄方向键控制障碍物的上下左右移动,如图 2-26 所示,设置前后左右上下共计 6 个独立按键的键值与障碍物 6 个方向移动的关联,从而通过游戏手柄完全控制动态障碍物的位置。将手柄连接到安装有 Ubuntu 系统的计算机后,利用 ROS 中 Joy 节点与手柄硬件接口通信并向外发布消息,每个按键都以二进制的方式表示,当按键按下即为 1,这样只需要通过接收 Joy 节点发来的消息便能够解析出哪个按键被按下。

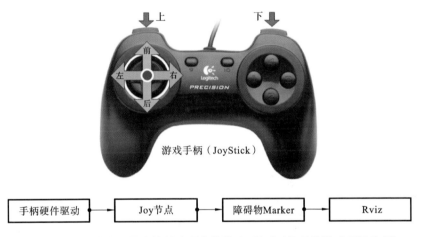

图 2-26　三维动态场景中控制障碍物的游戏手柄(以某品牌游戏手柄为例)

在 src 和 include 文件夹中分别添加 dynamic_obstacle. cpp 和 dynamic_ob-stacle. h 文件,用于接收游戏手柄 Joy 节点发出的按键信息/joy 并转换为 Marker 的位置信息。dynamic_obstacle. cpp 文件编译完成后,启动 Rviz 节点、Joy 节点及刚才编译成功的 dynamic_obstacle 节点。将 Rviz 中的坐标系设置为/world,Marker 的主题设置为/dynamic_obstacle,按下手柄按键后,Rviz 中便会出现红色球体 Marker,利用手柄上预定义的按键可以实时控制小球在 Rviz 世界坐标系中的位置。

```
$ roscore
$ rosrun rviz rviz
$ rosrun joy joy_node
$ rosrun schunk_rrt dynamic_obstacle
```

通过 roslaunch 启动 dynamic_obstacle_rviz. launch 文件,加载全部动态规划场景所需的配置和初始化操作,随后只需要启动规划器节点和位置发布器节点,规划器节点便根据动态障碍物的位置进行规划并将规划结果发送给发布器,从而实现关节的运动控制。

```
$ roslaunch schunk_rrt dynamic_obstacle_rviz.launch


$ rosrun schunk_rrt test_dynamic_arm_rrt
$ rosrun schunk_rrt realtime_publisher
```

在机械臂运动过程中的任意时刻,随意地利用手柄移动障碍物,规划器能够实时感知环境的变化并重新规划出合适的轨迹,使机械臂能够无碰撞地运动到目标位置(见图 2-27)。

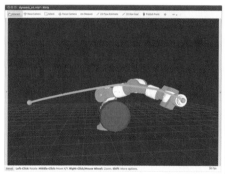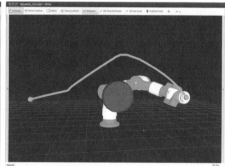

图 2-27 三维动态场景下 RRT 算法规划结果

从 Rviz 可视化界面中可以看出机械臂末端的运动曲线(橙色→绿色)(见图 2-28),观察整个动态规划的过程。在一开始执行规划结果后,如果动态障碍物保持在图中红色球体标记的位置,则机械臂将沿着橙色原始轨迹运动;然而,在其运动后不久,规划器就感知到了障碍物位置的变化且移动后的障碍物处于机械臂的运动范围内。如果继续沿着原始轨迹运动,则机械臂将必然发生碰撞。为了避开障碍物区域,规划器针对新的障碍物位置进行了再规划。当再规划的初始位置为运动起点时,再规划轨迹如图 2-28 中紫色曲线所示;然而,由于机械臂正处于运动过程中,因此并不能从起点位置开始规划。将再规划的起点选择在机械臂的当前位置后的某个特定位置,机械臂将经过一个平滑的轨迹变换过

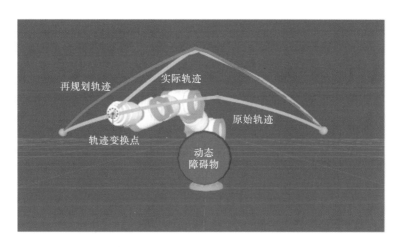

图 2-28　三维动态场景下 RRT 再规划结果

程,从原始轨迹变到图中绿色的实际运动轨迹。此外,从图中不难看出,绿色轨迹
和紫色轨迹的后半部分基本重合,完全能够实现机械臂在运动过程中的避障。

2.4.2　使用 MoveIt! 机器人操作框架

完整实现上述建模、运动学/动力学配置、规划、操作等步骤后,读者可能会
有疑问,这些范式化的流程,是否有自动化的工具,仅需配置硬件和目标场景即
可完成?答案是肯定的,在 ROS 社区中,MoveIt! 机器人操作框架能够快捷实
现上述功能,并自动生成对应的功能包[18]。简单来说,借助 MoveIt,读者只需
要提供完整机器人系统及其环境配置的 URDF 文件,经过简单的几步配置,就
能够进行机器人仿真、规划算法开发和目标任务调试。借助 ROS Industrial
(ROS-I)[19]还能直接连接特定的目标硬件系统,基本可以做到机器人系统的
"即插即用"。

2.4.2.1　MoveIt! 基本概念

毫不夸张地说,MoveIt! 是 ROS 社区中集大成者的典型代表之一,它是一
个与机器人操作相关的工具集,为各类高级应用程序开发、新设计及系统的快
速验证,以及其他工业、教育等领域的便捷使用提供连接底层和用户层的框架。
MoveIt! 集成了包括运动规划、操作、3D 感知、碰撞检测、控制和导航等在内的
多个基础功能包,可以生成完整的算法,让机器人在复杂的环境中进行运动规
划时,从一个地点安全地到达另外一个地点[20]。MoveIt! 降低了普通技术人
员使用 ROS 的难度,提供了配置文件和配置界面,让初学者可以快速上手使

用,并提高了基础功能模块代码的复用效率。

如图 2-29 所示,整个 MoveIt! 框架以 move_group 为核心节点,集成了各种组件,连接 ROS 的 action 和 service。使用 move_group 用户可以:① 通过 C++、Python 和 GUI 三种方式来与机器人交互并处理任务;② 通过参数服务器(parameter server)获取加载 URDF、SRDF 和 MoveIt configuration 等详细的配置信息;③ 通过 ROS 主题与机器人进行通信,获取机器人当前的状态(如关节位置),获取点云或其他感知数据,与机器人控制器建立双向通信等。MoveIt! 还可以通过插件机制(plugin interface)与运动规划器(motion planner)进行交互,使用多个库的不同运动规划器,如默认使用的 OMPL(open motion planning library)规划库。

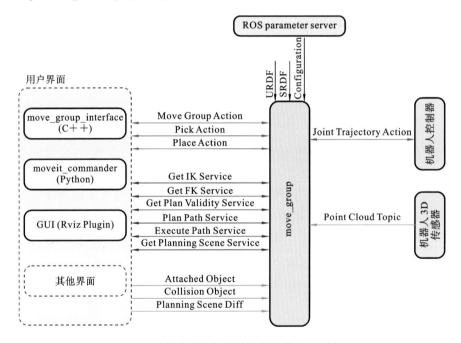

图 2-29 MoveIt! 机器人操作框架的架构及其核心节点 move_group

与所有的 ROS 功能包一致,MoveIt! 提供源代码和 Binary 包命令行的安装方式,单纯使用 MoveIt! 而不需要进行深度二次开发的用户,可直接通过命令行的方式进行安装:

```
$ sudo apt-get install ros-melodic-moveit
```

如果读者希望研究其内部的功能或进行二次开发,可下载源代码进行本地编译。

2.4.2.2 配置目标机器人系统

为演示如何使用 MoveIt!，我们选择本书中将会使用到的 Motoman SDA10F 双臂机器人为目标机器人系统。具体配置之前，使用 Git 命令先从 Motoman 的维基支持页面下载 Motoman 的模型和配置文件：

```
$mkdir~/git_ws
$cd~/git_ws
$git clone https://github.com/ros- industrial/motoman.git
```

下载完成后得到整个 Motoman 系列机械臂的模型和配置文件，从中挑选名称为 motoman_sda10f_support 的文件夹，将其复制到工作空间(~/catkin_ws)的源空间 src 文件夹下，并完成编译。

```
$cp-r~/git_ws/motoman/motoman_sda10f~/catkin_ws/src
$cd~/catkin_ws
$catkin_make
```

从终端启动 MoveIt! 提供的图形化配置工具 MoveIt! Setup Assistant。软件界面如图 2-30 所示，包括左侧的配置步骤菜单列表和右侧的当前步骤的操作说明。整个机器人系统的配置包括 12 个步骤，分别完成 URDF 模型的读取、

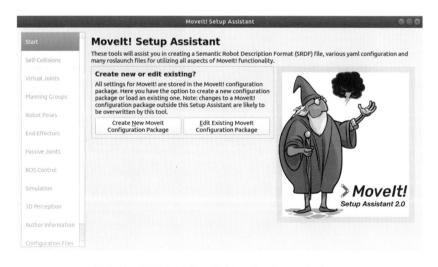

图 2-30 图形化配置工具 MoveIt! Setup Assistant

碰撞模型的生成、虚拟关节的创建、规划簇的定义、初始姿态点的预定义、末端执行器定义、被动关节定义、Gazebo 连接的 ros control 配置、用于 Gazebo 仿真的 URDF 生成、3D 传感器设置、作者信息以及最终生成设置。

```
$ roslaunch moveit_setup_assistant setup_assistant.launch
```

（1）机器人系统 URDF 模型读取。在读取 URDF 模型之前，会出现界面询问当前创建 MoveIt! 配置功能包的情况，是完全重新建立配置功能包还是修改之前的功能包。如果之前已经创建过，只是修改部分配置，则需要选择右侧的已存在的 MoveIt! 配置功能包。在此处我们选择重新创建配置功能包。在新的提示栏下，通过"Browse"按钮导航至 motoman＿sda10f＿support/urdf/sda10f.xacro，单击"Load Files"按钮完成 URDF 文件的载入；如果文件格式正确，界面的右侧会出现类似 Rviz 中加载完成的机器人模型渲染结果，如图 2-31 所示。

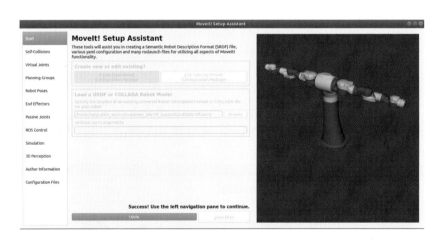

图 2-31　机器人系统 URDF 模型读取

（2）碰撞模型生成。点击左侧的"Self-Collisions"出现碰撞优化页面，在此页面用户可以设置解除碰撞的对象以及碰撞检测的精度，一般我们会适当调高碰撞检测的精度；随后单击"Generate Collision Matrix"按钮自动生成碰撞配置矩阵。

（3）虚拟关节创建。点击左侧的"Virtual Joints"出现虚拟关节创建选项。创建虚拟关节是为了满足不同仿真器对根节点属性的定义差异。默认 URDF 中我们一般不会定义无质量和体积属性的虚拟（dummy）关节，但在 Gazebo 中，对于固定安装的机器人,其全局的根节点必须是一个固定的大地,如/world。因而,在虚拟关节设置上,我们一般会习惯性地设置一个 dummy_link,并将 URDF 中的根节点/world 或者 base_link(对于 Motoman SDA10F 的 URDF,此根节点关节为 base_link)通过属性为 fix 的 dummy_joint 与 dummy_link 进行连接。

(4) 规划簇定义。点击左侧的"Planning Groups"出现规划簇创建选项。规划簇(planning group)是一个运动规划中的概念,是一个运动规划的整体单元,如双臂机器人的单个左臂的全部关节,或末端执行器关节等。运动学方程的建立和求解依赖规划簇的定义。点击"Add Group"按钮进入详细设置页面,在这里用户需要设置运动学规划簇的名称、运动学求解器及其精度和解算时间约束、OMPL 规划库中的规划器,以及规划簇中具体包含的关节或连杆。以 Motoman SDA10F 的左臂为例,如图 2-32 所示,我们创建的规划簇名称为 left_arm,运动学求解器选用默认的 CachedKDLKinematicsPlugin,OMPL 规划器选用 RRTConnect,求解器精度和搜索时间默认为初始值;并选取左臂的 7 个关节 arm_left_joint_x_x。对右臂进行同样操作,建立右臂 right_arm 以及脊柱 torso。

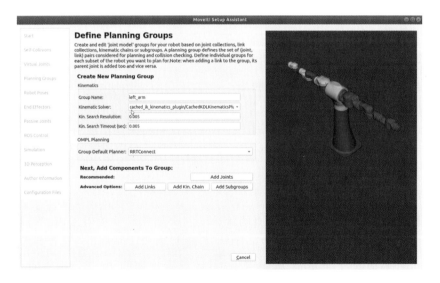

图 2-32　规划簇定义中左臂的设置

(5) 初始姿态点预定义。点击左侧的"Robot Poses"出现规划簇预定义位置选项。针对每一个规划簇可以设定其各个关节的位置,并记录其中的某一个位置为预设姿态。

(6) 末端执行器定义。点击左侧的"End Effectors"出现末端执行器设置选项。与"Planning Groups"类似,通过该选项创建末端执行器的簇。

(7)被动关节定义。点击左侧的"Passive Joints"出现被动关节设置选项,可设置机器人系统中无驱动的被动关节,被动关节不存在关节状态信息。

(8)ros control 配置。点击左侧的"ROS Control"出现连接 Gazebo 所需的 ros control 配置选项,可设置基于 ros_control 的关节物理控制器。

(9)适用于 Gazebo 仿真的 URDF 生成。点击左侧的"Simulation"出现适用于 Gazebo 仿真所需的 URDF 文件的生成选项,将基于原始 URDF 和 ros control 配置合并生成包含 gazebo、transmission 等信息的 URDF 文件。

(10)3D 传感器设置。点击左侧的"3D Perception"出现适用于 3D 相机设置的选项,将创建点云和深度图的虚拟传感器配置文件。

(11)作者信息设置。点击左侧的"Author Information"出现配置包创建者的个人信息设置选项,需提供创建者的名字和邮箱,此信息为必填项。

(12)最终生成设置。点击左侧的"Configuration Files"出现配置包生成选项,可设置生成的配置包的名称和放置路径,以及配置目标生成包组件。最终将在 src 文件夹下生成名称为 motoman_sda10f_moveit_config 的 ROS 功能包并完成编译。

2.4.2.3 MoveIt! 机器人操作规划

完成上述配置后,读者已经获取了一个完整的 Motoman SDA10F 机器人的模型创建、运动学求解、运动规划与控制、动力学仿真等基本模块的功能包。通过终端运动包中的 demo.launch 文件,可测试机器人操作规划功能。加载完成得到的 Demo 界面如图 2-33 所示。

```
$ roslaunch motoman_sda10f_moveit_config demo.launch
```

整个界面基于 Rviz 通过添加显示选项和规划控制面板得到,在界面的规划面板中,我们可查看默认加载的 OMPL 规划器 RRTConnect。在"Motion-Planning"面板的"Planning"选项卡下,可以设置规划的簇、起点和终点,通过"Plan""Execute Plan and Execute"及"Stop"按钮可实现预定任务的轨迹规划和执行。当通过 ROS-I 连接物理机器人时,规划任务的执行指令将被发送到物理控制器上并执行,因而需要非常谨慎。在 Rviz 界面右侧的 3D 渲染显示窗口,可看到加载完成的机器人模型,在机器人模型的左臂末端,可看到由 inter-active_marker 实现的操作对象空间,可拖动实心球,或者箭头与圆环实现机械臂的运动拖曳。

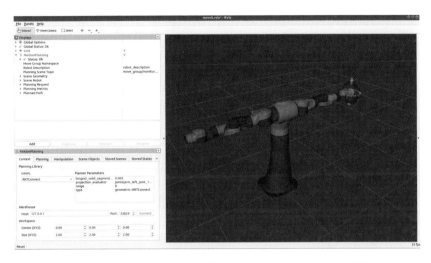

图 2-33 Motoman SDA10F 机器人 MoveIt! Demo 加载完成界面

勾选"Displays"→"Planning Request"下的"Query Start State"和"Query Goal State",拖曳左臂的"Goal State"至一个新的位置,并确认"Planning"选项卡下的"Start State"和"Goal State"被设置在＜current＞,如图 2-34 所示。随后,单击"Plan"按钮,能够实时预览查看路径规划的结果;单击"Execute"按钮,机械臂将从预规划的起点运动到终点。

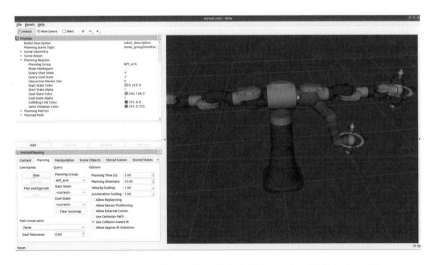

图 2-34 Motoman SDA10F 机器人使用 MoveIt! 操作规划界面

2.5 本章小结

在这一章,我们详细演示了刚体机器人仿真中的模型创建、运动学求解、运动规划与控制、动力学仿真等基本模块,以及集成上述若干步骤的 MoveIt! 工具的使用。通过这些步骤和工具,可以建立一些机器人仿真的任务。相关模块的创建思路和实现方法始终贯穿本书,与刚软混杂机器人系统的本质区别仅在于运动学和动力学理论模型不同。

实际机器人仿真案例复杂多样,本书难以覆盖所有类别,但基本思路和方法是一致的,读者完全可结合本书中案例配套的源代码进行移植和再编写。

本章参考文献

[1] Schunk mobile gripping system[EB/OL]. [2021-01-10]. https://schunk. com/fileadmin/pim/docs/IM0012315. PDF.

[2] Schunk_modular_robotics[EB/OL]. [2021-01-10]. https://github. com/ ipa320/schunk_modular_robotics.

[3] Blender:open source 3D creation. [EB/OL]. [2021-01-10]. https:// www. blender. org/.

[4] URDF. Documentation[EB/OL]. [2021-01-10]. http://wiki. ros. org/urdf.

[5] KANAKIA A. Inverse kinematics using ikfast on a 7 DOF robotic arm [EB/OL]. (2012-05-13)[2021-01-10]. https://www. ixueshu. com/document/94a4da1191f29395381c0aab81cl24ec. html.

[6] BEESON P,AMES B. TRAC-IK:An open-source library for improved solving of generic inverse kinematics[C]//Proceedings of 2015 IEEE-RAS 15th International Conference on Humanoid Robots (Humanoids). New York:IEEE, 2015:928-935.

[7] QIAN W,XIA Z Y,XIONG J,et al. Manipulation task simulation using ROS and Gazebo[C]//Proceedings of 2014 IEEE International Conference on Robotics and Biomimetics(ROBIO 2014). New York:IEEE, 2014: 2594-2598.

[8] HART P E,NILSSON N J,RAPHAEL B. A formal basis for the heuristic determination of minimum cost paths[J]. IEEE Transactions on Sys-

tems Science and Cybernetics，1968，4（2）：100-107.

[9] CARRIKER W F，KHOSLA P K，KROGH B H. Path planning for mobile manipulators for multiple task execution[J]. IEEE Transactions on Robotics and Automation，1991，7（3）：403-408.

[10] KAVRAKI L E，SVESTKA P，LATOMBE J C，et al. Probabilistic roadmaps for path planning in high-dimensional configuration spaces[J]. IEEE Transactions on Robotics and Automation，1996，12（4）：566-580.

[11] 杜滨. 全方位移动机械臂协调规划与控制[D]. 北京：北京工业大学,2013.

[12] LAVALLE S M. Rapidly-exploring random trees：a new tool for path planning[EB/OL]. [2021-01-10]. https://www.docin.com/p-1025118352.html.

[13] KUFFNER J J，LAVALLE S M. RRT-connect：an efficient approach to single-query path planning[C]//Proceedings of 2010 IEEE International Conference on Robotics and Automation. New York：IEEE，2010：995-1001.

[14] 夏泽洋. 基于采样的仿人机器人足迹规划研究[D]. 北京：清华大学,2008.

[15] XIA Z Y，XIONG J，CHEN K. Global navigation for humanoid robots using sampling-based footstep planners[J]. IEEE/ASME Transactions on Mechatronics,2011,16（4）:716-723.

[16] 钱伟. 基于 ROS 的移动操作机械臂底层规划及运动仿真[D].哈尔滨：哈尔滨工业大学，2015.

[17] PAN J，CHITTA S，MANOCHA D. FCL：a general purpose library for collision and proximity queries[C]//Proceedings of 2012 IEEE International Conference on Robotics and Automation. New York：IEEE，2012：3859-3866.

[18] MoveIt：moving robots into the future [EB/OL]. [2021-01-10]. https://moveit.ros.org/.

[19] ROS-Industrial[EB/OL]. [2021-01-10]. https://rosindustrial.org/.

[20] DENG H，XIONG J，XIA Z Y. Mobile manipulation task simulation using ROS with MoveIt[C]//Proceedings of 2017 IEEE International Conference on Real-time Computing and Robotics. New York：IEEE，2017：612-616.

第 3 章
刚软混杂机器人系统仿真方法

3.1 引言

在第 2 章中，我们基于搭建完成的 ROS 机器人仿真平台，实现了刚体机器人系统的操作仿真，并结合具体案例详细讲述了模型创建、运动学求解、运动规划与控制、动力学仿真等通用模块的实现。熟练掌握第 2 章的内容之后，读者已经具备了一定的按需建立机器人仿真工程的技能和经验。在本章中，我们将介绍机器人仿真任务中的刚软混杂机器人系统的操作仿真。刚软混杂机器人系统指机械臂本体、末端执行器以及被操作对象中存在刚体和可形变体（如软体）。其主要原因为刚体和软体机器人所使用的材料、结构不同，所表现的运动特性不一样，其运动学和动力学建模存在本质上的不一样。

本章中，我们将根据刚体机械臂配置三指软体手爪实现各类不规则对象的抓取项目实例，逐步讲解如何实现软体对象的运动学和动力学建模、刚软混杂耦合等，并最终建立满足任务需求的仿真方案。

3.2 刚软混杂机器人仿真研究动机

刚软混杂机器人系统是随着软体机器人技术的发展而出现的。软体机器人全部或者部分使用软材料或软部件，比如使用软材料作为主要的支撑结构，以及使用软体驱动器作为动力来源。利用这些软材料或软部件的高度灵活性、可变形性，软体机器人能够实现较大角度的弯曲[1]，因此可以用于有限空间内的多种任务，模仿生物学的运动。软体机器人还天然地拥有可以与人类进行安全交互的优势[2]。传统的刚体机器人需要精密的传感器、稳定强大的智能算法和仔细的调校，才能避免因为其刚性驱动器过大的力和力矩，导致接触人体后发生危险的情况。而软体机器人在与人体接触时，不需额外的控制，可以利用其软体材料的柔顺性,实现柔和、顺从的人机交互,从而避免发生危险。因此软体机器人能够完成传统刚体机器人难以完成的任务,针对未知的、不可预测的环境,实时根据任务的要求,改变自己的结构,从而进行灵活的交互。

但从实际机器人应用的场景来看,作为一项新技术,软体机器人不可能完全取代刚体机器人。虽然它们具有前所未有的适应性、敏感性和敏捷性,但其驱动能力、精度等特性使其无法独立完成绝大多数的操作任务。至少在初期,软体机器人通常作为增强刚体机器人的一个部件,补充和扩展原有刚体机器人,提供新功能。在实践中,现在大多数软体机器人被用作刚软混杂机器人系统中的一个组件,每个组件执行最适合的任务(见图 3-1)。因此,刚软混杂机器人系统有其存在的合理性和必然性。

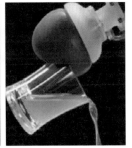

图 3-1　刚软混杂机器人系统[3-5]

现阶段,实现刚软混杂机器人系统的集成仿真存在困难:两类机器人在仿真器设计和实现的原理与逻辑等方面各不相同。具体体现在以下四个方面:

1. 底层模型描述方法的区别

在刚体仿真中,被仿真的基本单元被视作一个本身属性不会改变的物体,物体的形状大部分情况下不会影响整体的运动情况,只有在检测碰撞的时候会涉及物体的具体形状。整个仿真场景由多个刚体单元组成,即多体模型。特别地,刚体机器人使用关节连杆模型。而在软体仿真中,被仿真的物体本身的结构形状是可以改变的,表示物体的模型是网格化的物体模型。物体所有的运动情况等,包括位置、速度、惯性、质量,分布在整个物体当中,它们都随着不同的运动时刻的形状变化而变化。也就是说,软体的运动情况全部都由物体本身的形状变化得到[6]。

2. 运动过程计算方法的区别

由于物体的运动方式的区别,这两个平台所使用的运动过程计算方法也不一样。刚体仿真平台使用的是刚体运动学,只需要分析物体的位姿、速度、加速度等随着时间的变化,以及和环境的碰撞、附加的驱动力和力矩。而软体仿真平台需要计算的内容则复杂得多,简单的对单个质点进行分析的动力学不能应用于连续变形体的运动计算过程中。因此,一般使用有限元的方法,即将整个连续变形体分割成有限个较为简单统一的小单元,计算小单元的运动,并将所有小单元的运动耦合起来[7],最后完成整个连续变形体的运动计算。

3. 内部驱动方式的区别

仿真场景不可能完全由物体被动行为构成,它总会包括一些主动的运动因素[8]。对于刚体仿真平台来说,这种主动的运动因素简单得多,可以是某个物体本身的位姿、速度的变化所形成的主动运动,也可以是外界额外附加于物体上的力和力矩。一个普遍的例子是重力,它是一个在刚体中常见的额外附加于物体上的力,构成了主动运动的因素。对于刚体机器人仿真来说,主动的运动更具现实意义,主动运动因素通常是机器人电动机驱动器所形成的施加在关节上的扭矩,或者是平行滑动机构关节的推拉力,或者是运动机器人轮子的转动和对地面的摩擦力。总而言之,在刚体仿真平台中,驱动方式是物体本身的位姿、速度、加速度,可以很简单地在运动计算过程中实现这些驱动的计算。但对于软体仿真平台来说,驱动的实现会困难许多,因为软体通常有很多种基于物理的驱动方式,例如:① 通过流体压强使软体空腔结构的体积改变;② 通过在介电质上施加高电压来使介电质弯曲;③ 通过改变温度使得对温度变化有响应的材料发生形变;④ 通过化学能的释放,如轻微的爆炸来推动软体运动。这些特殊的驱动方式要求仿真平台能够进行一些额外的化学或者物理计算,不仅仅是连续可形变体的运动计算。这一点又使得软体仿真平台的计算更加复杂。目前通常的做法是将这些特殊的物理化学驱动转换为传统的力和力矩的作用,例如流体的压强和轻微的爆炸,都可以转换成作用在相应的面上的力。介电质材料或者温度响应材料的形变则可以转换成相应面上的力矩引起的弯曲形变。但是这些转换会涉及如何将物理化学作用等价地分布到相应的面上的问题,相应的面具体是哪个面,每个面施加多大的作用力或力矩,这也是一个比较困难的问题。

4. 反馈及控制方法的区别

仿真的重要目的之一就是从仿真中得到反馈信息并且进行控制,当刚体仿真平台应用在机器人仿真中时,我们可以得到机器人每一个关节的角度、速度、加速度、所受力矩等信息,以及部件与环境的接触、碰撞等交互信息,这都是易见的。而软体机器人则不一样,软体机器人并没有能够明确表示机器人姿态的参数信息,只能呈现整体的形态,这十分不利于反馈表示和控制。因此,我们对软体机器人的反馈和控制,通常都是基于一定的动作模板的。也就是说,把软体机器人可能做出的动作分为有限的若干类,形成模板,通过这些模板来表示目前软体机器人所呈现的状态,或者利用模板来表示控制所要实现的目标。当然,也有一些简单的软体机器人可以通过有限的参数来描述和反馈其运动,但这种情况也仅限于手爪在正常的工作姿态下。万一手爪碰到难以适应的物体,大幅偏离设计的动作范围,那么这种简单的描述方法就难以反馈当前软体机器人的正确状态,从而给异常状态控制的实现造成不便[9]。在多数情况下,软体机器人的反馈控制面向的是一个整体形态。这使得控制算法会涉及很多形态方面的知识,例如需要利用对象边缘轮廓提取、目标点识别、背景分离等图像处理的知识来提取对象的有效形态信息,也需要利用材料及弹性力学的知识来计算所需要的驱动能力来控制机器人朝目标形态转移。

这些区别带来的问题是,即使我们有成熟的刚体机器人仿真工具,如 ROS 平台,但刚体运动学和动力学理论不支持对变形体进行仿真;而现有的软体机器人仿真平台,如有限元分析工具、Simulation Open Framework Architecture (SOFA)[10] 等,又缺乏刚体机器人仿真的一些特性,尤其是系统的刚体机器人仿真工具生态。为了调和这种矛盾,我们在研究中提出了一种可以耦合两种仿真模型的中间过渡物理层及其基于 ROS 的实现方法,并进行了相应的仿真任务实验来验证该方法的有效性。整套仿真流程为后期刚软混杂机器人的研究提供了良好的实验仿真平台以及有效的操作方法。

具体实现上,我们首先针对刚软混杂机器人中的软体部件进行模态分析,提出了一种用于机器人仿真的刚软耦合模型;基于 Gazebo 开发环境编写了刚软混杂机器人刚体端功能模块,用以实现刚软耦合模型的计算,以及与软体仿真平台的接口;基于 SOFA 开发环境编写了刚软混杂机器人软体端功能模块,用于向 Gazebo 传输软体部件信息,实现高级的力学仿真,包括接触力的仿真;最后基于 ROS 开发环境完成集成开发。本章的后续内容将按照此进行组织。

3.3　刚软混杂系统数学建模

在面向刚体机器人系统开发的工具平台上实现刚软混杂系统建模的基础是,实现与刚体机器人统一的运动学和动力学数学描述。因而,数学建模的关注重点在于,如何在现有刚体建模工具的基本框架下,实现软体结构的模型描述。软体机器人由于其自身结构并不含有关节和连杆结构,而是连续变形体的结构,因此其运动学和动力学理论分析建模较困难。

在有实时形态仿真需求但对精度要求不严格的场景中(实际上应该认识到,当前学术界对软体这类超弹性体的数学建模及其高精度计算处于研究探索阶段),可以使用一些近似的方法来得到简化的模型,从而进行理论分析。一种被研究人员广泛接受的模型是分段常曲率连续体模型[11]。这是因为在对精度要求不高但对实时性要求较高的时候,软体机器人的无限多个自由度的特性所带来的行为与超冗余机器人的行为较为相似。可以将超冗余机器人视作由很多个圆弧连杆连接而成的整体,然后使用分段常曲率连续体模型对整个机器人进行运动学建模。其中,每一个分段使用常曲率连续体模型来简化建模分析的过程。刚软混杂机器人建模的技术实现框架如图 3-2 所示,具体实现的思路包括以下三个方面:

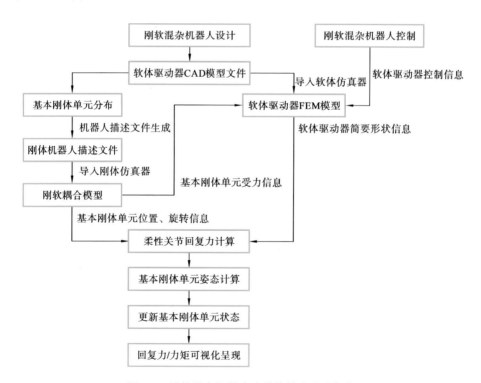

图 3-2　刚软混杂机器人建模的技术实现框架

(1) 为了充分利用 ROS 系统现有的机器人工具链资源,仿真方法以 ROS 系统下的 Gazebo 动力学仿真器为基础平台,对于混杂机器人的刚体部分,能够

在不更改原有刚体机器人控制功能包的前提下,继续使用各种功能包;

(2)连续体类型的软体采用离散化近似模型描述,以使用 URDF 文件来描述整个刚软混杂机器人模型;

(3)对于软体离散后模型的加载激励行为,尤其是动力学特性计算,使用 SOFA 中的软体计算模型,以使建模方法具备一定的通用性。

3.3.1　刚软混杂系统运动学建模

3.3.1.1　创建软体离散化近似模型

如图 3-3 所示,在分段常曲率模型中,每段圆弧有 3 个自由度,分别为:曲率 k_i、弯曲平面角 ϕ_i 和弧长 l_i。圆弧线 $O_{i-1}O_i$ 是该分段的中心线,z_{i-1} 为圆弧在 O_{i-1} 处的切线,x_{i-1} 为 O_{i-1} 点所在弯曲平面且垂直 z_{i-1} 的方向,y_{i-1} 为 O_{i-1} 点所在垂直弯曲平面的方向。r_i 为圆弧对应的曲率半径,其值为 $r_i = 1/k_i$,其对应的圆心角 $\theta_i = l_i k_i$。在分段常曲率模型下,我们可以通过求解相邻分段圆弧的浮动坐标系的齐次变换矩阵,来得到机器人末端姿态。

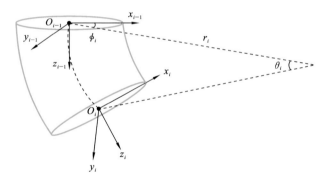

图 3-3　分段常曲率模型下的第 i 分段结构

对于相邻坐标系,从坐标系 $O_{i-1}\text{-}x_{i-1}y_{i-1}z_{i-1}$ 到坐标系 $O_i\text{-}x_iy_iz_i$ 的变换可以分为以下几个:

(1)以 z_{i-1} 轴为旋转轴转动 ϕ_i;

(2)以新的 y_{i-1} 轴为旋转轴转动 $\theta_i/2$;

(3)在新的 z_{i-1} 轴的正方向上平移 $\|O_{i-1}O_i\|$;

(4)以新的 y_{i-1} 轴为旋转轴转动 $\theta_i/2$;

(5)以 z_{i-1} 轴为旋转轴反向转动 ϕ_i。

其中,$\|O_{i-1}O_i\|$ 为 $O_{i-1}O_i$ 的长度,根据几何关系有 $\|O_{i-1}O_i\| = 2\,r_i\sin\left(\theta_i/2\right)$。

经过分段离散化之后,我们可以使用基本刚体运动学的 D-H 形式将常曲率模型进一步转换,以得到完整的正、逆运动学方程。转换过程中的 D-H 参数[12]如表 3-1 所示。

表 3-1 第 i 分段的 D-H 参数

变换次序	d	a	α	θ
1	0	0	$-\pi/2$	ϕ_i
2	0	0	$\pi/2$	$\theta_i/2$
3	$2r_i\sin(\theta_i/2)$	0	$-\pi/2$	0
4	0	0	$\pi/2$	$\theta_i/2$
5	0	0	0	$-\phi_i$

通过 D-H 的齐次变换矩阵连乘可以得到

$$
\boldsymbol{T}_i^{i-1} = \mathrm{Rot}(z,\phi_i)\,\mathrm{Rot}\left(y,\frac{\theta_i}{2}\right)\mathrm{Trans}(z,\|O_{i-1}O_i\|)\,\mathrm{Rot}\left(y,\frac{\theta_i}{2}\right)\mathrm{Rot}(z,-\phi_i)
$$

$$
= \begin{bmatrix}
\mathrm{c}^2\phi_i(\mathrm{c}\theta_i-1)+1 & \mathrm{s}\phi_i\mathrm{c}\phi_i(\mathrm{c}\theta_i-1) & \mathrm{c}\phi_i\mathrm{s}\theta_i & r_i\mathrm{c}\phi_i(1-\mathrm{c}\theta_i) \\
\mathrm{s}\phi_i\mathrm{c}\phi_i(\mathrm{c}\theta_i-1) & \mathrm{s}^2\phi_i(\mathrm{c}\theta_i-1)+1 & \mathrm{s}\phi_i\mathrm{s}\theta_i & r_i\mathrm{s}\phi_i(1-\mathrm{c}\theta_i) \\
-\mathrm{c}\phi_i\mathrm{s}\theta_i & -\mathrm{s}\phi_i\mathrm{s}\theta_i & \mathrm{c}\theta_i & r_i\mathrm{s}\theta_i \\
0 & 0 & 0 & 1
\end{bmatrix}
$$

其中:算符 c(•)和 s(•)分别表示 cos(•)和 sin(•)。

由于分段常曲率模型中每两段相邻的圆弧连接的截面是重合的,因此我们可以将每一段的齐次变换矩阵连乘,得到基坐标系下第 N 段截面坐标系的齐次变换矩阵:$\boldsymbol{T}=\boldsymbol{T}_1^0\boldsymbol{T}_2^1\cdots\boldsymbol{T}_N^{N-1}$,其中 N 为离散圆弧的段数。

刚软混杂系统中的运动学描述,实际上是对软体离散化后基本刚体单元的分布和连接的描述。基本刚体单元的分布具体是指一个刚软耦合模型中所有基本刚体单元初始姿态信息,包括其位置和旋转。基本刚体单元的分布要求能够符合软体本身的形状特征和功能特征。图 3-4 所示为两类基本刚体单元分布结构。其中,图 3-4(a)所示为典型的软体三指手爪,其特征是:① 本身由多个气囊腔体串联而成;② 每个腔体在充气或抽气状态时本身只会发生轮廓膨胀和收缩,不会变化成另一种形状;③ 整个手爪在张开和收缩时,主要发生腔体连接部分的弯曲形变。这类对象的基本刚体单元的连接关系为一个或多个链结构。图 3-4(b)所示为一个由纯硅胶制作的多边形物体,其特征是:① 本身形状较为复杂;② 纯软体结构,无驱动能力。这类对象的基本刚体单元的连接关系

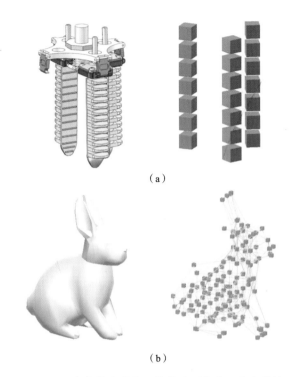

（a）

（b）

图 3-4　两类软体离散化后的基本刚体单元分布结构

为网状结构。

离散化近似模型创建的关键是获取初始刚体单元的分布点。研究中我们采用的离散化方法是由两步操作进行软体模型的预处理：① 在物体内部沿三个坐标轴等间隔取点；② 对物体表面几何网格模型顶点进行优化，以减少模型的顶点数。本书使用下面的算法在 Unity3D 引擎内对模型内部取点，顶点优化使用商业软件 3DS MAX 中的优化处理器，对 STL 模型文件进行预处理。

$GET\_INSIDE\_POINT(mesh, gap)$

1　　$range \leftarrow Max\_N * gap$

2　　$points \leftarrow []$

3　　**for** $x = 0$ **to** Max_N **do**

4　　　**for** $y = 0$ **to** Max_N **do**

5　　　　**for** $z = 0$ **to** Max_N **do**

6　　　　　$xd \leftarrow -range/2 + x * gap$

7　　　　　　$yd \leftarrow -range/2 + y * gap$

8　　　　　　$zd \leftarrow -range/2 + z * gap$

9　　　　　　$pos \leftarrow (xd, yd, zd)$

10　　　　　　**if** INSIDE_DETECT(pos, $mesh$) **then**

11　　　　　　　　$points$. push($pose$)

12　　　**return** $points$

INSIDE_DETECT（pos, $mesh$）

1　$down\_points \leftarrow RaycastDetect(mesh, Down)$ // $RaycastDetect$ 是 Unity 射线检测 API

2　$up\_points \leftarrow RaycastDetect(mesh, Up)$

3　$hit\_points \leftarrow down\_points + up\_points$

4　$count \leftarrow 0$

5　**foreach** $point$ **in** hit_points

6　　**if** $point.y < pos.y$ **then**

7　　　$count++$

8　**if** $count \bmod 2 == 0$ **then**

9　　**return** false

10　**else**

11　　　**return** true

软体对象离散化表达后基本刚体单元的连接由三部分组成。

（1）内部连接点：在物体内部等间隔取点后，将坐标轴上每个相邻的点连接起来，形成网格状结构。

（2）表面连接点：物体表面几何模型在优化后，是一个由三角面片集合组成的立体模型，将每个三角面片的边的两个顶点连接起来。

（3）内部与表面的连接点：指定一个连接距离阈值 d，将分别属于内部和表面的，并且距离小于 d 的两个点连接起来。

在 Unity3D 引擎中使用 C♯语言实现上述离散化过程，并得到对应的 Soft-JointDev 工程。在导入由 3DS MAX 优化的 3D 模型文件后，运行"generate mesh"顶点抽出模块，自动生成对应记录各离散顶点名称和坐标信息的 cubes_data.json 文件。

3.3.1.2　自动编写离散化软体 URDF 文件

由 2.2.1.1 节可知，仿真环境中的机器人系统是通过 URDF 文件进行描述的,Gazebo 仿真器读取 URDF 中的连杆(link)和关节(joint)信息,获取整个基本刚体的连接信息。在标准 URDF 文件中关节-连杆模型是单根节点的树状结构,只能描述串联开链结构的机器人,不能描述并联闭链机器人。也就是说,某一个作为根节点的 link,可以通过多个 joint 连接多个 link 作为根的单根子树,但不能形成循环。图 3-4(a)所示的结构是由基本刚体单元连接的单根三支链状树,因此可以直接编写对应的 URDF 文件。但是图 3-4(b)所示的结构是由三类基本刚体单元连接的网状结构,拥有循环,显然其不能使用标准 URDF 文件来描述;同时,由于基本刚体单元的数量较多,手工编写 URDF 文件也是不现实的。

为实现 URDF 文件的自动程序生成,可读取 cubes_data.json 文件信息中的顶点名称和坐标信息,使用模板文件自动生成对应的 cubes.xacro 文件,该文件内容可以与刚软混杂机器人的 xacro 文件相结合,构成软体结构的一部分。下面为图 3-4(b)中所示模型对应的 xacro 文件的部分信息:

```
<?xml version="1.0"?>
< robot name =" softbody" xmlns: xacro =" http://www. ros. org/wiki/
xacro">

    <xacro:cube parent_cube="root" cube_name="cube_29db_000" size="
${cube_size }">
        <origin xyz="0.05363 -0.08000 0.00000" rpy="0 0 0"/>
    </xacro:cube>

    <xacro:cube parent_cube="cube_29db_000" cube_name="cube_29db_
001" size="${cube_size }">
        <origin xyz="-0.05363 0.00000 0.00000" rpy="0 0 0"/>
    </xacro:cube>

    <xacro:cube parent_cube="cube_29db_001" cube_name="cube_29db_
002" size="${cube_size }">
        <origin xyz="0.00000 0.08000 0.00000" rpy="0 0 0"/>
    </xacro:cube>

    ...

</robot>
```

URDF 是为串联机器人而设计的,因而 URDF 文件的可视化结构是一个典型的开链结构,并不适用于并联机器人这类存在闭链结构的机器人。为解决 URDF 文件无法描述环形结构的问题,研究中提出的解决方案是,在标准的 URDF 定义格式中仅保留 link 信息,而删除全部的 joint 信息。正确的 link 间的连接信息通过附加的配置文件进行保存。通过遍历各顶点生成对应的单根树,自动生成树节点间的连接关系,即新的关节信息,并保存在 joint.txt 文件中。

在 Gazebo 环境中需要编写脚本文件,删除 URDF 中的关节实体信息并读入额外的配置文件,重新使用正确的连接关系,实例化所有柔性关节。为此,需要在 URDF 中添加自定义插件的加载指令。首先在 URDF 文件中,添加 <gazebo></gazebo> 标签到指定的 Gazebo 配置区域,在该区域添加一个 <plugin></plugin> 标签,其中标签的名称(name)属性为自定义的插件加载名字,而目标文件名(filename)属性则为指定的插件动态库文件。插件动态库由 C++语言编写,并经编译而成,需要使用 Gazebo 平台为 ROS 开发者提供的 gazebo_ros 开发库。具体开发流程如下:

新建一个 ROS 功能包 soft_robot_plugin,依赖功能包 gazebo_ros、roscpp、std_msgs 和 cmake_modules,命令行操作为

```
$ cd ~/robot_ws/src
$ catkin_create_pkg soft_robot_plugin roscpp gazebo_ros std_msgs cmake_
modules
```

在 CMakeLists.txt 文件中添加如下配置行:

```
# Depend on system install of Gazebo
find_package(gazebo REQUIRED)
link_directories(${GAZEBO_LIBRARY_DIRS})
include_directories(src
    ${Boost_INCLUDE_DIR}
    ${catkin_INCLUDE_DIRS}
    ${GAZEBO_INCLUDE_DIRS})
list(APPEND CMAKE_CXX_FLAGS "${GAZEBO_CXX_FLAGS}")
```

其中:link_directories 命令将 GAZEBO_LIBRARY_DIRS 加入 C++库文件搜索目录当中;include_directories 命令将 GAZEBO_INCLUDE_DIRS 加入C++ 头文件搜索目录当中;list 命令将 GAZEBO_CXX_FLAGS 添加到 CMAKE_CXX_FLAGS 变量当中。

新建 ModelPlugin 派生类,调用宏 GZ_REGISTER_MODEL_PLUGIN 将其派生类的名字注册进 Gazebo 的插件管理器中。

```
namespace gazebo
{
    class SoftRobotPlugin : public ModelPlugin
    {
    public:
        typedef RigidbodyDelegateRK RigidbodyDelegateType;
        typedef boost::shared_ptr<RigidbodyDelegateType> Rigid body-
    DelegateTypePtr;
    }
    GZ_REGISTER_MODEL_PLUGIN(SoftRobotPlugin)
}
```

功能包编译后得到的. so 动态库文件即可在 URDF 中经＜plugin＞
＜/plugin＞ 标签调用,实现将自行开发的程序嵌入 Gazebo 机器人模型中运行。

```
<gazebo>
    <plugin name="model_push" filename="libsoft_robot_plugin.so"/>
< /gazebo>
```

通过以上准备步骤,得到离散化软体的 URDF 文件 softrobot. urdf. xacro。

3.3.2 刚软混杂系统动力学建模

对于软体机器人,其自身结构并不含有关节和连杆结构,软体机器人的运动学和动力学表现也完全不同。软体的这种表现可称为外部激励下的材料形变行为。因而,单纯对软体对象进行运动学求解是没有实际物理意义的。为了与实际的软体机器人相联系,需要知道软体机器人在驱动过程中外部激励(如气压分布)是如何影响分段常曲率模型中的各变量的,即我们需要建立软体机器人的激励驱动动力学模型。

由于软体结构的形状复杂,一般使用数值方法进行动力学建模。数值方法适用于多种软体几何模型,而不是像分析模型一样仅适用于特定的几何模型,对于复杂的软体结构和驱动器来说,数值方法有着其普适性。数值方法可以分为非物理的形变方法和物理的形变方法。其中,非物理的形变方法是通过几何形变来实现软体形变行为的计算的,适用于早期计算机计算能力还比较弱的时候,目前非物理的形变方法有曲线曲面形变技术、自由形变模型、ChainMail 模型和填充球模型等几类。这种非物理的形变方法只能从视觉效果上实现对软体结构的形变效果的模拟计算,而不能实现对软体结构的力学特性计算,且其形变计算的精度比较低,无法用于软体机器人的仿真。随着计算机计算性能逐渐增强,特别是带有并行计算能力的显卡硬件发展起来后,计算机逐渐能承受大量复杂单元的实时计算,目前基于物理的形变方法成为主流。物理的形变方法从最初的布料形变仿真,逐渐发展为具有普适性的物理仿真方法,包括质点弹簧模型(mass-spring model,MSM)、边界元法(boundary element method,BEM)、有限元方法(finite element method,FEM)、无网格方法和位置动力学方法等几类。其中,质点弹簧模型具有计算速度较快的特点,而有限元方法具有计算精度较高的特点。本书在处理软体机器人时采用的计算方法是以质点弹簧模型为参考,并部分结合有限元方法。

3.3.2.1 质点弹簧和有限元混合模型

质点弹簧模型的思想是将所仿真物体的原有几何模型中的每个顶点都视

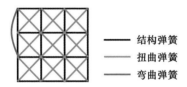

—— 结构弹簧

—— 扭曲弹簧

—— 弯曲弹簧

图 3-5 质点弹簧模型中的弹簧组成

作一个质点,几何模型中的边视作一个虚拟的弹簧。虚拟弹簧无质量、惯性,主要分为三类(见图 3-5):① 连接横向和纵向的质点的弹簧称为结构弹簧,它们起到固定模型结构的作用;② 连接对角线方向上的质点的弹簧称为扭曲弹簧,它们起到防止模型扭曲变形的作用;③ 连接横向和纵向相隔一个点的质点的弹簧称为弯曲弹簧,它们起到防止模型边缘弯曲角度过大的作用。

在质点弹簧模型中,当顶点移动时,顶点间连接的虚拟弹簧会产生相应的遵循胡克定律的弹性力,例如,质点 i 和质点 j 之间的弹性力可表示为

$$f_i = f^s(x_i, x_j) = K_s \hat{x_{ij}}(|x_{ij}| - l_0)$$

$$f_j = f^s(x_j, x_i) = -f_i$$

其中:$|x_{ij}| = |x_j - x_i|$,$\hat{x_{ij}} = \dfrac{x_j - x_i}{|x_j - x_i|}$;$K_s$ 为弹簧的弹性系数;x_i 和 x_j 分别对应质点 i 和质点 j 的位置矢量;l_0 为弹簧的自然长度。

同时,根据一般弹簧所具有的特性,其弹簧方向上的相对速度分量会产生阻尼力,其大小为

$$f_i = f^d(x_i, v_i, x_j, v_j) = K_d \hat{x_{ij}}(\hat{x_{ij}} \cdot v_{ij})$$

$$f_j = f^d(x_j, v_j, x_i, v_i) = -f_i$$

其中：$v_{ij} = v_j - v_i$；K_d 为弹簧的阻尼系数；v_i 和 v_j 分别对应质点 i 和质点 j 的速度矢量。

在得到弹簧产生的弹性力和阻尼力之后，根据牛顿定律去计算每一个质点的加速度和速度，并得到一个时间间隔更新后的质点的位移，从而得到最终的仿真结果。由于质点弹簧模型的参数设置与实际物理模型的真实属性无法完全一致，因此仿真行为与实际加载行为可能会有较大差异，甚至错误。为提高仿真的精度，可部分结合计算精度更高的有限元方法。

有限元方法将一个软体结构的几何模型进行离散化处理，得到由若干个基本单元组成的网格模型，然后将每个基本单元内部的位移表示成当前基本单元的所有节点位移的函数，最后通过特定的物理方程组来求解节点的位移量，实现整体的应力、应变计算。离散化时一般使用四面体或六面体，而四面体一般有着更高的灵活性，对实际物理模型的仿真效果也更好。生成的离散单元相互之间仅通过节点相连，通过节点来传播不同单元上的力和位移，从而可以将所有四面体单元的节点作为自变量，从节点位移集合中建立起有限元方程。在求解有限元方程得到每一个迭代时间的节点位移后，再通过线性插值的方法，求得同单元内部任意点的位置，实现对整个模型顶点位移的求解。

有限元方法能实现十分高精度的计算，但计算量十分巨大。这也严重制约了有限元方法在实时性要求较高场景中的应用。因而，本书中采用一种异步的仿真框架，将有限元分析和恒定曲率离散化模型结合，在仿真的准确度和速度之间取得了平衡。该异步方法首先通过有限元分析方法将目标软体气动执行器的气压激励响应精确计算结果保存为离线数据，并基于此响应结果拟合得到恒定曲率模型的参数，进而得到名义运动学和动力学模型。

3.3.2.2 柔性关节动力学计算器

由 3.3.1.1 节创建的软体离散化近似模型可知，取消 joint 关节结构后，在离散的刚体单元中，任意两个相邻的基本刚体单元是由虚拟的柔性关节连接的，虚拟柔性关节的基本思想是赋予关节本身驱动属性，关节可以伸长或旋转，因而可将刚体单元的相对偏移分解为三部分，分别是连接长度偏差量、弯曲偏差量和扭转偏差量[13]。

如图 3-6 所示，柔性关节连接两个相邻的基本刚体单元 o_1 和 o_2。在 t_0 时刻，o_1 的姿态可表示为

$$x_1 = (p_1, r_1)$$

其中：p_1 为笛卡儿空间内质心的三维位置坐标；r_1 为对应的四元数表示的旋转量。

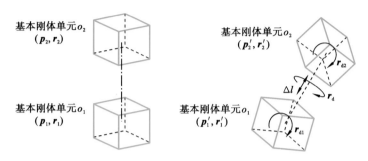

$$图 3\text{-}6 \quad 连接两个基本刚体单元的柔性关节及其旋转示意图$$

类似的，o_2 的姿态可表示为

$$\boldsymbol{x}_2 = (\boldsymbol{p}_2, \boldsymbol{r}_2)$$

在 t_1 时刻，两个刚体在激励下发生移动、旋转后，新的姿态可表示为

$$\boldsymbol{x}'_1 = (\boldsymbol{p}'_1, \boldsymbol{r}'_1)$$
$$\boldsymbol{x}'_2 = (\boldsymbol{p}'_2, \boldsymbol{r}'_2)$$

因而，可得到虚拟关节在 t_0 到 t_1 时刻间的连接长度偏差量为

$$\Delta l = |\boldsymbol{p}'_{21}| - |\boldsymbol{p}_{21}|$$

其中：$\boldsymbol{p}_{21} = \boldsymbol{p}_2 - \boldsymbol{p}_1$，$\boldsymbol{p}'_{21} = \boldsymbol{p}'_2 - \boldsymbol{p}'_1$。实际上，如果 t_0 是初始时刻，则 $|\boldsymbol{p}_{21}|$ 表示的是离散化模型两个相邻刚体单元质心间的欧氏距离，其值取决于模型离散化的精细程度。

假设激励作用下虚拟关节产生的关节驱动旋转量为 $\boldsymbol{r}_a$，而每个刚体单元以其质心为旋转中心，则每个刚体单元的旋转量为 $\boldsymbol{r}_a/2$，即 $\boldsymbol{r}_{a_1} = \boldsymbol{r}_{a_2} = \dfrac{\boldsymbol{r}_a}{2}$；以四元数形式将 $\boldsymbol{r}_{a_1}$ 和 $\boldsymbol{r}_{a_2}$ 分别表示为 $\boldsymbol{r}_{q_1}$ 和 $\boldsymbol{r}_{q_2}$，从 t_0 到 t_1，两个刚体单元相对旋转的变化量和关节的旋转量共同组成旋转偏差量。将旋转偏差量视为垂直于连接方向上的弯曲（bending）偏差量和连接方向上的扭转（twist）偏差量两部分。弯曲偏差量 $\boldsymbol{r}_{d1}$ 和 $\boldsymbol{r}_{d2}$ 可表示为

$$\boldsymbol{r}_{d1} = \boldsymbol{Q}_d(\boldsymbol{r}_{n_1} \boldsymbol{p}_{21}, \boldsymbol{p}'_{21})$$
$$\boldsymbol{r}_{d2} = \boldsymbol{Q}_d(\boldsymbol{r}_{n_2} \boldsymbol{p}_{21}, \boldsymbol{p}'_{21})$$

其中：$\boldsymbol{r}_{n_1} = \boldsymbol{r}'_1 \boldsymbol{r}_{q_1}^{-1} \boldsymbol{r}_1^{-1}$，$\boldsymbol{r}_{n_2} = \boldsymbol{r}'_2 \boldsymbol{r}_{q_2}^{-1} \boldsymbol{r}_2^{-1}$；$\boldsymbol{Q}_d(a,b)$ 为求解两个相邻单元 a、b 的夹角的四元数形式。

柔性关节的扭转量 $\boldsymbol{r}_T$ 可表示为

$$\boldsymbol{r}_T = \boldsymbol{r}_{n_1} \boldsymbol{r}_{n_2}^{-1} \boldsymbol{r}_1^{-1} \boldsymbol{r}_2$$

得到了这三种偏差量之后，对于简单的弹性体，我们可以利用胡克定律来计算得到伸长偏差量所产生的拉力 $\boldsymbol{F}_{l_1}$ 和 $\boldsymbol{F}_{l_2}$，同时，也可以类似地计算由扭转偏差量所产生的力矩 $\boldsymbol{T}_1$ 和 $\boldsymbol{T}_2$：

$$\boldsymbol{F}_{l_1} = -\boldsymbol{F}_{l_2} = \overline{\boldsymbol{p}'_{21}} \Delta l \, \boldsymbol{K}_{\text{length}}$$

$$\boldsymbol{T}_1 = v_{r_{\text{d1}}} \boldsymbol{e}_{r_{\text{d1}}} \boldsymbol{K}_{\text{bending}} - \overline{\boldsymbol{p}'_{21}} \boldsymbol{e}_{r_{\text{T}}} \boldsymbol{K}_{\text{twist}}$$

$$\boldsymbol{T}_2 = v_{r_{\text{d2}}} \boldsymbol{e}_{r_{\text{d2}}} \boldsymbol{K}_{\text{bending}} + \overline{\boldsymbol{p}'_{21}} \boldsymbol{e}_{r_{\text{T}}} \boldsymbol{K}_{\text{twist}}$$

其中：$\overline{\boldsymbol{p}'_{21}}$ 表示对应的单位方向向量；$(v_{r_{\text{d1}}}, \boldsymbol{e}_{r_{\text{d1}}})$ 和 $(v_{r_{\text{d2}}}, \boldsymbol{e}_{r_{\text{d2}}})$ 为 $\boldsymbol{r}_{\text{d1}}$ 和 $\boldsymbol{r}_{\text{d2}}$ 的轴角表示形式；$\boldsymbol{K}_{\text{length}}$、$\boldsymbol{K}_{\text{bending}}$ 和 $\boldsymbol{K}_{\text{twist}}$ 分别为连接长度偏差量、弯曲偏差量、扭转偏差量所对应的弹性系数。

由于刚体不在柔性关节的中心，柔性关节的弯曲除了对两个刚体产生力矩，同时还会产生对应的力：

$$\boldsymbol{F}_{t_1} = -\boldsymbol{F}_{t_2} = -\boldsymbol{e}_{r_{\text{d1}}} \mid \boldsymbol{p}'_{21} \mid^{-1} (\overline{\boldsymbol{p}'_{21}} \times \boldsymbol{v}_{r_{\text{d1}}}) - \boldsymbol{e}_{r_{\text{d2}}} \mid \boldsymbol{p}'_{21} \mid^{-1} (\overline{\boldsymbol{p}'_{21}} \times \boldsymbol{v}_{r_{\text{d2}}})$$

因此，最后刚体受到的力为

$$\boldsymbol{F}_1 = \boldsymbol{F}_{l_1} + \boldsymbol{F}_{t_1}$$

$$\boldsymbol{F}_2 = \boldsymbol{F}_{l_2} + \boldsymbol{F}_{t_2}$$

在得到柔性关节施加在基本刚体单元上的力和力矩之后，需要更新基本刚体单元的位置。通常数值计算方法是基于离散迭代的，整个系统按照一定频率运行在固定时间间隔下。在每个时间周期内，系统被视为常数系统，即作用力和力矩都不变。我们可以证明该离散系统的迭代误差为 $O(h^2)$，其中 h 是迭代时间间隔。在 Gazebo 中，如果直接将柔性关节所产生的力视为一个恒定的作用力，施加到基本刚体单元上，则基于标准 ODE 引擎会使得 Gazebo 仿真系统不收敛。因此，我们通过修改 ODE 的底层计算，接管基本刚体单元的姿态更新程序，禁用默认的更新计算，而使用龙格库塔法（Runge-Kutta method）来对基本刚体单元的姿态进行计算。

基本刚体单元更新的位姿基于以下时间的函数：

$$x(t) = (p(t), r(t))$$

$$\dot{x}(t) = (\dot{p}(t), \dot{r}(t))$$

$$\ddot{x}(t) = (\ddot{p}(t), \ddot{r}(t))$$

由于加速度由其所受的外力决定，而外力由柔性关节的回复力和环境物体碰撞的作用力构成。假设在时间间隔足够短的情况下，基本刚体单元与环境物体碰撞的情况没有发生改变，因碰撞产生的作用力不变，那么柔性关节的回复力则决定了其加速度。而柔性关节的回复力又由基本刚体单元的位姿决定，因

此加速度可以写成其位姿的函数,则得到

$$\ddot{x}(t) = f(x(t))$$

使用龙格库塔法求解上述微分方程,根据龙格库塔法,有

$$K_i = \begin{cases} \dot{x}(t_0), & i=1 \\ \dot{x}(t_0) + \dfrac{1}{2}\Delta t\, L_{i-1}, & i>1 \end{cases}$$

$$L_i = \begin{cases} f(x(t_0)), & i=1 \\ f\left(x(t_0) + \dfrac{1}{2}\Delta t\, K_{i-1}\right), & i>1 \end{cases}$$

使用四阶龙格库塔法求解得到刚体单元更新的位姿、速度 $x(t)$ 和 $\dot{x}(t)$ 分别为

$$x(t) = x(t_0) + \frac{1}{6}\Delta t \sum_{i=1}^{4} K_i$$

$$\dot{x}(t) = \dot{x}(t_0) + \frac{1}{6}\Delta t \sum_{i=1}^{4} L_i$$

在 soft_robot_plugin 功能包的 src 文件夹下创建实现上述功能的 5 个 C++工程文件(见表 3-2)。

表 3-2　基于 Gazebo 实现软体离散建模工程文件

soft_robot_plugin/src 文件夹下的文件	作　　用
RigidWarp.cpp	基本刚体单元构建框架
SoftJoint.cpp	虚拟柔性关节构建框架
RigidBodyDelegateEuler.cpp	虚拟柔性关节任务委托
RigidBodyDelegateRK.cpp	龙格库塔任务委托
Utils.cpp	计算工具

在 CMakeLists.txt 文件中添加如下配置行,完成最终的 soft_robot_plugin 插件的创建。

```
add_library(soft_robot_plugin
src/SoftRobotPlugin.cpp
src/SoftJoint.cpp
src/RigidBodyDelegateEuler.cpp
src/RigidBodyDelegateRK.cpp
src/RigidWarp.cpp
src/Utils.cpp)
target_link_libraries (soft_robot_plugin ${catkin_LIBRARIES}${GAZE-
BO_LIBRARIES})
```

3.4　刚软混杂系统运动仿真

下面我们将首先基于在 Gazebo 中实现的软体仿真插件,实现纯软体结构物体的摔落仿真实验,验证在刚体仿真器中实现软体对象的建模功能;随后,通过一个刚体机械臂-软体末端操作刚软混杂对象的操作任务,系统展示所实现的刚软混杂机器人操作任务仿真。

3.4.1　纯软体对象仿真实例

为了验证采用上述仿真方法能够在刚体动力学仿真器 Gazebo 中对软体结构进行仿真,首先进行纯软体结构物体的摔落仿真实验。

使用图 3-4(b)所示的模型,运行 SoftJointDev 工程的"generate mesh"顶点抽出模块,得到的顶点抽出结果如图 3-7 所示,并同步自动生成记录各离散顶点名称和坐标信息的 cubes_data. json、joints. txt 文件及对应的 cubes. xacro 文件。

图 3-7　以硅胶兔子为软体进行仿真的目标对象

新建 softbody_description 功能包：

```
$ cd ~/robot_ws/src
$ catkin_create_pkg softbody_description
```

创建 softbody. urdf. xacro 模板文件，该文件以 xacro 方式引用 cubes. xacro 中的顶点数据，并加载 soft_robot_plugin。对应 softbody. urdf. xacro 中的关键配置代码为

```
...
<xacro:include filename="$(find softbody_description)/urdf/cubes.
xacro" />
...
<gazebo>
    <plugin name="gazebo_ros_control" filename="libgazebo_ros_con-
trol.so">
        <robotNamespace>/softbody</robotNamespace>
        <robotSimType>gazebo_ros_control/DefaultRobotHWSim
        </robotSimType>
    </plugin>
    <plugin name="soft_robot_plugin" filename="libsoft_robot_
    plugin.so"/>
</gazebo>
...
```

完成上述配置后，通过 launch 文件将其加载到 Gazebo 中。因模拟的是软体对象在重力作用下自由落体碰撞地面后的形变状态，所以无须加载其他的控制器。在 launch 文件中设置初始模型高度为 1 m，并设置初始运行状态为暂停，得到图 3-8 所示的场景。

取消暂停状态模拟固定释放，模型将自由落体并碰撞地面，观察模型在摔落碰撞地面的过程中的行为特性。具体的实验过程如图 3-9 所示。由图 3-9(c) 可见，最先接触地面的模型部分有明显的凹陷行为，可见该模型具有柔顺的响应特性。由图 3-9(d) 可见，在模型摔落至中心的最低点时，整个模型被压扁，其整体形状发生非常大的坍塌，可见该模型具有一定的非线性行为特性。整体由于挤压，上下被压缩，并向四周扩大，可见该模型有保持体积不变的特性。由图 3-9(f) 可见，模型在碰撞地面之后又弹跳起来，可见该模型有能量保持和吸收的特性。由图 3-9(h) 可见，模型最后稳定了下来。

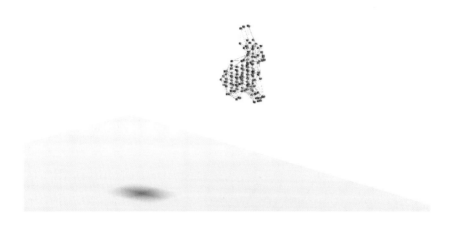

图 3-8　纯软体结构物体自由落体碰撞地面实验场景

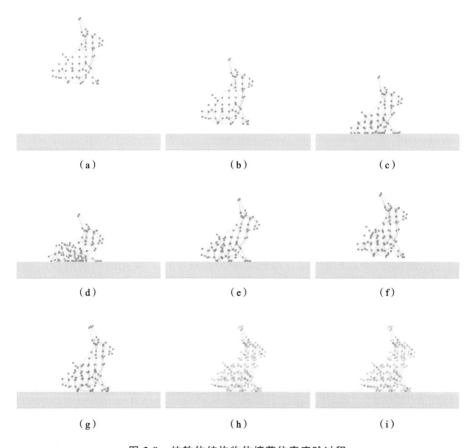

图 3-9　纯软体结构物体摔落仿真实验过程

通过读取动力学计算器的输出,将所有基本刚体单元的高度和速度绝对值求和并记录它们随时间的变化过程,可以得到反映其能量变化的数据,如图3-10所示。

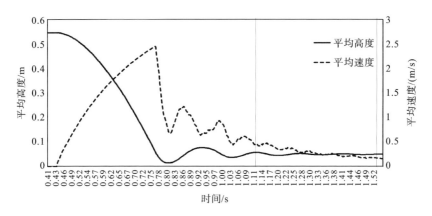

图 3-10 基本刚体单元的高度和速度绝对值和的变化曲线

观察模型曲线的变化过程,不难发现,模型在经过几次碰撞和弹跳之后,迅速稳定下来,最后在地面保持不动,可见该模型具有系统收敛和稳定的特性。

3.4.2 刚软混杂机器人系统仿真实例

软体手爪适用于不同形状的物体,并且对柔软的物体不会有伤害,也不需要复杂的控制。配置软体手爪的机械臂抓取操作在食品加工、医疗和工业生产等应用中广泛存在。此处我们设计了一个流水线生产场景(见图3-11),流水线平台会不断运送来随机的物品,每种物品均具有不同且复杂的外表形状。每个物品都需要从流水线平台上被抓取起来,然后放到指定的箱子里。

对于传统刚性机器人来说,这个抓取任务会比较具有挑战性。因为每样物品的形状都不一样,刚性机器人不能通过同一种装置使用同一种动作进行抓取,需要事先预知物品的详细外形信息,然后设计对应的抓取装置或控制算法。并且刚性装置对控制的精度要求更高,抓取的位置和力度都需要仔细控制,这可能涉及图像位置识别和力位混合控制等复杂的控制流程。

对于刚软混杂机器人来说,这个任务则非常简单。由于软体手爪对物体具有很高的适应性,因此对于任何物体,只要其大小在一定的范围内,均可使用同样的软体手爪和同样的操作规则,并很容易保证足够高的成功抓取率。

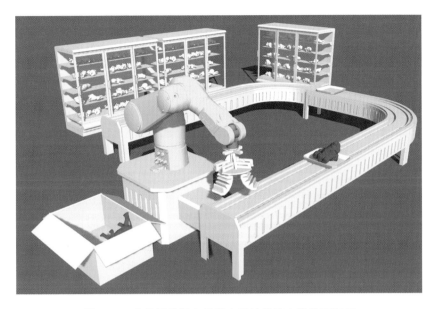

图 3-11　应用刚软混杂机器人系统的流水线生产场景

3.4.2.1　刚软混杂模型的耦合

整个刚软混杂机器人系统由一台六自由度的机械臂(型号为 Staubli TX90)和一个三指气囊式软体手爪(实验室自行设计制作)组成,如图 3-12 所示。

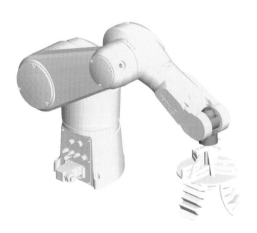

图 3-12　刚软混杂机器人系统的总体模型

六自由度的机械臂的模型构建与 2.2 节中刚体机器人数学建模完全一致，最终建立名为 tx90_description、tx90_kinematics 的功能包，由于机器人的目标任务是典型的拾取和放置任务，机械臂的运动控制使用 2.3 节所述的标准的点对点运动控制[14]。

图 3-13 给出了末端装配的三指气动软体手爪的组装结构示意图。该手爪的关键部件为聚氨酯一体打印成形的双向气囊式结构。材料选用一种可调硬度聚氨酯(型号为 Hei-cast 8400)，将硬度调节为 70 HA 后，其具有比普通硅胶更强的抗拉伸、抗撕裂性能，在保证承受相同或更大的气压的情况下，将手爪做得更小、更复杂。该手爪总共由三个软体气动执行器组成，每个软体气动执行器都被安装在可变间隔底座中，同时通过一根直径为 4 mm 的气管连接其空腔。三根气管通过一个一分三的连通器互通在一起，使得我们可以仅通过一个气压控制管道来同时控制所有气动执行器的气压，实现三个手指的同时开闭，并具备三种工作状态：① 正气压激励状态；② 负气压激励状态；③ 零气压空闲状态。

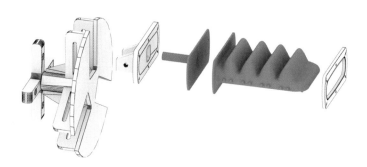

图 3-13　三指气动软体手爪的组装结构示意图

该软体手爪属于图 3-4(a)所示的由基本刚体单元连接的单根三支链状树结构，离散化后可通过标准的 URDF 文件进行描述。使用图 3-13 中的单根手指气囊的设计模型，运行 SoftJointDev 工程的"generate mesh"顶点抽出模块，得到顶点抽出结果的 cubes_data.json、joints.txt 文件和对应的 cubes.xacro 文件。

新建 softgripper_description 功能包：

```
$cd ~/robot_ws/src
$catkin_create_pkg softgripper_description
```

创建 softbody. urdf. xacro 模板文件,重复 3.4.1 节中的步骤,得到在 Ga-zebo 中完成加载的手爪模型,如图 3-14 所示。

图 3-14　Gazebo 中完成加载的手爪模型

新建 combine_robot 功能包,并依赖 tx90_description、softgripper_descrip-tion 和 tx90_kinematics 功能包:

```
$cd ～/robot_ws/src
$catkin_create_pkg combine_robot tx90_description softgripper_
description tx90_kinematics
```

创建 combine_robot. urdf. xacro 文件,将软体末端执行器固连到 Staubli TX90 机械臂的末端法兰,对应 combine_robot. urdf. xacro 中的关键配置代码为

```
<!--Includegripper-->
  < xacro:include filename="$(find softgripper_description)urdf/
softbody.urdf.xacro"/>
<!--Include Staubli TX90-->
  <xacro:include filename="$(find tx90_description)/materials/ma-
terials.xacro"/>
  < xacro: include filename = "$(find tx90_description)/urdf/arm_
tx90/tx90.urdf.xacro"/>
  < xacro: include filename = "$(find tx90_description)/urdf/arm_
tx90/tx90.gazebo.xacro"/>
  < xacro: include filename = "$(find tx90_description)/urdf/arm_
tx90/tx90.transmission.xacro"/>
```

```
...
<gazebo>
    <plugin name="gazebo_ros_control" filename="libgazebo_ros_con-
trol.so">
        <robotNamespace>/combine_robot</robotNamespace>
        <controlPeriod>0.001</controlPeriod>
    </plugin>
    <plugin name="model_push" filename="libsoft_robot_plugin.so"/>
</gazebo>
```

通过控制激励驱动气压的大小和正负压力方向，利用柔性关节动力学计算得到各节点的位置和速度信息，最终实现单指软体手爪加载结果，如图 3-15 所示。

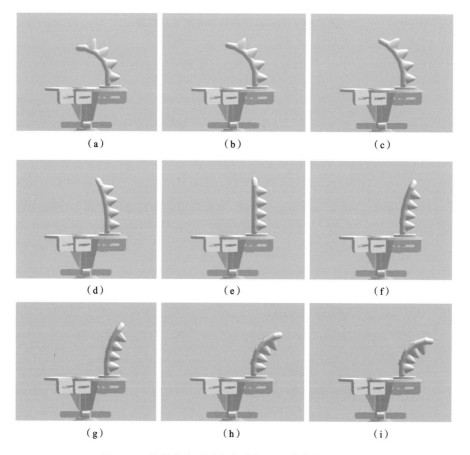

（a）　　　　　　　（b）　　　　　　　（c）

（d）　　　　　　　（e）　　　　　　　（f）

（g）　　　　　　　（h）　　　　　　　（i）

图 3-15　单指软体手爪在各个气压下的弯曲状态仿真

3.4.2.2 软体手爪-刚性物品抓取操作

本实例中为测试抓取操作仿真功能,选取大小、轮廓特征不一的五种刚体对象,分别为小矮人、水龙头、兔子、订书机和狮子(见图 3-16)。采用标准的点对点控制,上述物品通过传送带运输到固定的抓取点,并由机械臂放置于固定的箱子中。在模型 combine_robot.urdf.xacro 文件中添加流水线的配置文件:

```
<!--Include Line-->
    <xacro:include filename="$(find line_description)/materials/ma-
terials.xacro"/>
    < xacro: include filename = " $ (find line _ description)/urdf/line/
line.urdf.xacro"/>
    < xacro: include filename = " $ (find line _ description)/urdf/line/
line.gazebo.xacro"/>
    < xacro: include filename = " $ (find line _ description)/urdf/line/
line.transmission.xacro"/>
```

图 3-16　抓取任务中的刚性展示对象

本实例中整个抓取任务操作流程如下:

(1) 每一个物品以随机的顺序放置在流水线传送平台上,物品的放置位置和角度都不固定;

(2) 物品被流水线平台传送到机器人附近的固定抓取位置;

(3) 机器人通过固定的拾取和放置控制程序将软体手爪移动到物体的正上方,然后缓慢下降,使得张开状态的手爪包围物体;

(4) 通过设置固定的正向气压值,使软体手爪闭合并将物体抓牢;

(5) 机器人将手爪连同被抓取的物体一起移动到指定箱子的正上方;

(6) 软体手爪张开,物体掉落到箱子内部;

(7) 回到步骤(1),重复该过程。

运行 combine_robot 功能包下的 gazebo_scene.launch 文件,启动整个仿真环境和场景;运行 scripts\object.py 文件来加载特定的待抓取物体;最后运行

scripts\task.py 脚本,控制刚软混杂机器人进行抓取动作,得到的仿真实验过程如图 3-17 所示。

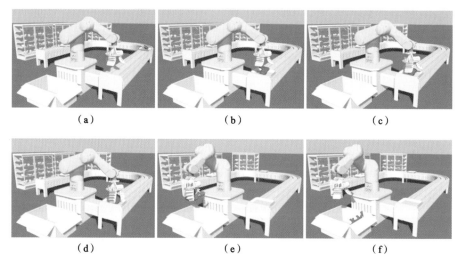

图 3-17　软体手爪-刚性物品的抓取仿真实验过程

3.4.2.3　软体手爪-软体物品抓取操作

上述操作过程中,软体手爪的形变是一组加载激励下的可控形变,仿真器还能实现被动的软体对象仿真,与 3.4.1 节中软体被动激励下的行为仿真类似。为此,我们基于 3.4.2.2 节中的仿真场景,通过更换截面积更小的末端软体手爪,实现对一个异形的海绵材质对象的抓取;通过软体手爪与软体海绵对象的抓握过程中的交互和实时形变,验证刚软混杂机器人仿真中软体对象的模型鲁棒性。海绵材质对象的模型创建和加载与 3.4.1 节中的操作一致;海绵材质对象通过 scripts\soft_object.py 文件来加载;最后运行 scripts\task2.py 脚本,控制刚软混杂机器人进行抓取动作,得到的仿真实验过程如图3-18 所示。

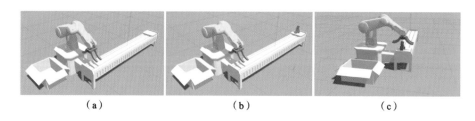

图 3-18　软体手爪-软性物品的抓取仿真实验过程

（d）　　　　　　　　　（e）　　　　　　　　　（f）

续图 3-18

3.5　本章小结

在这一章,我们首先从刚软混杂机器人系统的特点及其仿真需求出发,简要探讨了当前刚软混杂机器人研究现状下的仿真实际需求,随后基于这样的需求分析,提出了在现有刚体机器人仿真平台下刚软混杂机器人系统,尤其是软体对象的建模方法;为实现软体机器人形态运动的控制,提出了虚拟柔性关节的概念,并由此建立了动力学计算器;基于该计算器,能够实现软体对象被动的形态仿真和主动的驱动激励仿真;最后,展示了目前刚软混杂机器人广泛应用的抓取场景。

本章内容的意义在于,在现有刚体机器人理论和仿真工具的基础上,较好地解决了刚体机器人仿真和软体机器人仿真的耦合、共融问题,提出了一种基于当前研究现状和实际需求的解决方案。但也应该认识到,本章中的软体对象的离散化近似模型,在准确度上有其局限性;后续研究中,运用新的方法或者工具有望改善该部分的性能,而 ROS 也必将是集成这类工具的最佳平台。

本章中基于 ROS 平台的刚软混杂机器人系统建模和仿真实现依赖于读者对刚体仿真方法的熟练掌握,对第 2 章中已述的概念没有详细说明,读者可以阅读各步骤对应的源代码进行对照学习。

本章参考文献

[1] TRIVEDI D,RAHN C D, KIER W M,et al. Soft robotics：biological in-spiration, state of the art, and future research[J]. Applied Bionics and Biomechanics,2008,5(3):99-117.

[2] LIPSON H. Challenges and opportunities for design, simulation, and fab-rication of soft robots [J]. Soft robotics,2014,1(1):21-27.

[3] HOMBERG B S,KATZSCHMANN R K, DOGAR M R, et al. Haptic

identification of objects using a modular soft robotic gripper[C]//Proceedings of 2015 IEEE/RSJ International Conference on Intelligent Robots and Systems (IROS). New York:IEEE, 2015:1698-1705.

[4] MCKENZIE R M, BARRACLOUGH T W, STOKES A A. Integrating soft robotics with the robot operating system: a hybrid pick and place arm [J]. Frontiers in robotics and AI, 2017, 4: 1-7.

[5] JU A. Balloon filled with ground coffee makes ideal robotic gripper[EB/OL]. [2020-12-10]. https://news. cornell. edu/stories/2010/10/researchers-develop-universal-robotic-gripper.

[6] CHEN J, DENG H, CHAI W J, et al. Manipulation task simulation of a soft pneumatic gripper using ROS and Gazebo[C]//Proceedings of 2018 IEEE International Conference on Real-time Computing and Robotics (RCAR). New York:IEEE, 2018:378-383.

[7] COEVOET E, MORALES-BIEZE T, LARGILLIERE F, et al. Software toolkit for modeling, simulation, and control of soft robots[J]. Advanced Robotics, 2017, 31(22):1208-1224.

[8] 陈君. 一种刚软混杂机器人系统的耦合仿真方法[D]. 北京:中国科学院大学, 2019.

[9] STOKES A A, SHEPHERD R F, MORIN S A, et al. A hybrid combining hard and soft robots[J]. Soft Robotics, 2014, 1(1):70-74.

[10] ALLARD J,COTIN S, FAURE F, et al. Sofa—an open source framework for medical simulation [J]. Studies in Health Technology and Informatics, 2007, 125:13-18.

[11] WEBSTER R J, JONES B A. Design and kinematic modeling of constant curvature continuum robots: a review[J]. The International Journal of Robotics Research, 2010, 29(13):1661-1683.

[12] CRAIG J J. 机器人学导论[M]. 原书第 4 版. 负超, 王伟, 译. 北京:机械工业出版社,2018.

[13] 夏泽洋, 陈君, 甘阳洲, 等. 一种用于刚软混杂机器人仿真的耦合模型 [J]. 机器人, 2021, 43(1): 29-35.

[14] 钱伟. 基于 ROS 的移动操作机械臂底层规划及运动仿真[D]. 哈尔滨:哈尔滨工业大学, 2015.

第 4 章
软体机器人系统仿真方法

4.1　引言

在第 3 章中,我们在刚体机器人仿真平台的基础上实现了刚软混杂机器人系统的建模及仿真,对于其中的软体对象,我们采用了虚拟柔性关节的离散近似模型。为进一步提高软体机器人的仿真准确度,在本章中,我们将从数学建模理论及底层代码开发入手,介绍两种软体机器人的仿真方法——初步的基于理论模型的从底层实现的仿真方法和基于 Bullet 引擎的仿真方法。

4.2　基于有限元的建模仿真

数学建模是仿真的基础,尤其对于仿真平台仍不完善的软体机器人系统,掌握数学建模基本方法尤为关键。

空间和时间相关问题的物理定律通常用偏微分方程描述。然而,对于绝大多数的实际模型无法得出解析解。在实际应用中,通常通过不同的离散化方法构造出近似的系统方程,得出与这些偏微分方程近似的数值模型方程,进而求解得到相应偏微分方程真实解的近似值。有限元模型就是用来计算此类近似值的,是软体机器人形变仿真中最常用的模型之一。在有限元模型中,给定软体机器人的材料本构模型后,将软体离散成有限个网格单元,并依次计算得到离散化模型中各网格节点的弹性力,通过时间积分方法计算得到软体机器人模型网格节点在各个时间步骤的位置,从而模拟软体机器人的形态变化。

4.2.1　软体材料的本构模型

本构模型表征材料的应力应变关系。在软体机器人仿真中,常用的本构模型分为线弹性模型、非线弹性模型等。线弹性模型的计算效率高,但是对于大形变易失真；非线弹性模型仿真结果更加真实，但是计算量大，对硬件系统要求比较高。以 Neo-Hookean 非线弹性模型为例，通过应变能密度函数表征材料的应力应变关系，得到材料的第一类 Piola-Kirchhoff 应力张量为[1]

$$P(F) = \mu(F - \mu F^{-T}) + \lambda \ln(J) F^{-T}$$
$$J = \det(F)$$

其中：μ 和 λ 为材料参数；F 为材料的形变张量。

计算过程伪代码如下：

1　输入参数：形变梯度 F，材料常数 μ、λ

2　$J \leftarrow \det(F)$

3　$P(F) \leftarrow \mu(F - F^{-T}) + \lambda \ln(J) F^{-T}$

4　输出应力张量 P

在软体机器人形变仿真中，需要将软体进行空间离散化，通过有限个网格节点的位移，来近似描述软体的形态。空间离散化后得到模型网格（常见的有四面体单元网格、六面体单元网格），通过网格节点的位置、速度、受力等近似表示软体的状态。仿真过程中，基于材料本构模型计算模型网格节点所受的弹性力，并由此计算网格节点速度、位置随时间的变化，即仿真软体的形变过程[2,3]。

已知软体模型网格节点的初始位置和形变后的位置，便可计算得到软体模型网格节点所受的弹性力，具体算法如下[4]：

1　输入参数：模型形变前位置 X，单元形变后位置 x

2　　　**for** $e \in N$　　$//N$ 为单元总数

3　　　$D_m^e \leftarrow \begin{bmatrix} X_i - X_l & X_j - X_l & X_k - X_l \\ Y_i - Y_l & Y_j - Y_l & Y_k - Y_l \\ Z_i - Z_l & Z_j - Z_l & Z_k - Z_l \end{bmatrix}$

4　　　$W^e \leftarrow \dfrac{1}{6}\det(D_m^e)$

5　　　**end for**

6　　　**for** $e \in N$

7　　　$D_s^e \leftarrow \begin{bmatrix} x_i - x_l & x_j - x_l & x_k - x_l \\ y_i - y_l & y_j - y_l & y_k - y_l \\ z_i - z_l & z_j - z_l & z_k - z_l \end{bmatrix}$

8　　　$F \leftarrow D_s^e (D_m^e)^{-1}$

9　　　$P \leftarrow P(F)$

10　　　$H \leftarrow -W^e P (D_m^e)^{-T}$

11    $f_i += h_1, f_j += h_2, f_k += h_3, H = \begin{bmatrix} h_1 & h_2 & h_3 \end{bmatrix}$

12    $f_l += (-h_1 - h_2 - h_3)$

13   **end for**

14 输出软体模型网格节点所受弹性力

在软体形变仿真过程中,网格节点在 t 时刻的位置、速度、受力分别记作 x_t、v_t、f_t。通过数值方法在时间上进行积分,可以得到模型中网格节点在时刻 $t+1$ 的位置。常用的时间积分方法有显式时间积分(explicit integration)、中点积分(midpoint integration)、隐式时间积分(implicit integration)方法等[5,6]。

显式时间积分方法是最常用、最易实现的一种时间积分方法。第 $n+1$ 个时间步的网格节点状态可以由第 n 个时间步的网格节点状态直接求得。前面已经介绍了软体模型网格节点弹性力的求解方法,这里以伪代码为例,展示如何实现基于显式时间积分方法的软体形变仿真。

1 输入参数:模型节点受力 f,节点质量 m,积分时间步 Δt

2   **for** $e \in N$ $//N$ 为节点总数

3     $\ddot{x} \leftarrow \dfrac{f}{m}$

4     $\dot{x} += \ddot{x} \cdot \Delta t$

5     $x += \dot{x} \cdot \Delta t$

6     $t += \Delta t$

7   **end for**

8 输出节点形变后位置 x

隐式时间积分方法是另外一种常用的时间积分方法。第 $n+1$ 个时间步的网格节点状态不能由第 n 个时间步的网格节点状态直接求得。隐式时间积分方法采用牛顿迭代法,计算量比较大,需要求解方程组,迭代不收敛就不能得到结果。前面已经介绍了软体模型网格节点弹性力的求解方法,这里以伪代码为例,展示如何在 Neo-Hookean 模型下实现基于隐式时间积分方法的软体形变仿真。

1 输入参数:单元形变前位置 x_t

2 初始化参数:$\Delta x = 0$,$x_{t+1}^0 = x_t$

3   **while** $err > tolerance$ $//$当误差大于阈值时

4     $R(t+1) = f(x_{t+1}^i, t+1) + M \cdot a(x_{t+1}^i, t+1)$

5     $\Delta x \leftarrow R(t+1) = 0$

6     $x_{t+1}^{i+1} = x_{t+1}^i + \Delta x$

7          $i+=1, \Delta x = 0$

8   **end while**

9   输出节点形变后位置 x_{t+1}

显式时间积分方法计算效率高,但其精确度低。相比于显式时间积分方法,隐式时间积分方法具有较高的计算精度,且不存在因误差累积导致的稳定性问题。

显式时间积分方法需满足下面的公式,若材料刚度较大,则允许的 Δt 将减小,从仿真效果看,当不满足该限制条件时,就会出现爆炸现象:

$$\Delta t \leqslant c\sqrt{\frac{m}{k}}$$

其中:c 为系数;m 为网格节点质量;k 弹簧刚度系数。

以一个简单的弹簧质点模型为例,分别使用显式、隐式时间积分方法进行仿真计算。弹簧初始刚度设置为 10000.0 N/m,阻尼系数为 20.0 N·s/m,质点质量为 1 g,重力加速度为 -9.8 m/s^2,质点之间允许弹簧连接的半径为 0.15 cm,仿真结果如图 4-1 所示。采用显式时间积分方法,仿真结果显示,当刚度增加至 547637.0 N/m 时,发生了爆炸现象,而采用隐式时间积分方法时,没有出现此类现象。

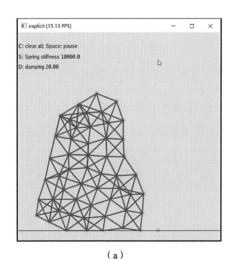
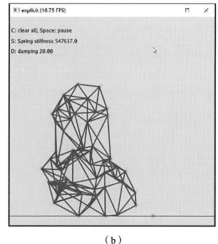

（a）   （b）

图 4-1   显式、隐式时间积分方法仿真结果

（a）隐式时间积分方法;（b）显式时间积分方法

4.2.2 综合实例应用

进行实例仿真需要四个步骤:初始化(包含建立网格)、计算弹性力、进行显式时间积分、模型可视化及主程序设计。以下将以伪代码的形式详细介绍各个步骤。

首先,设定软体仿真模型的初始化条件,包含仿真对象的模型网格、节点及空间单元(二维模型常用三角形单元,三维模型常用四面体单元),其中,初始化网格的伪代码如下:

1 输入参数:单边单元的个数 N_1、N_2

2   **for** $i \in N_1, j \in N_2$

3      $k \leftarrow (i+j \times N_1) \times 2$

4      $a \leftarrow i \times (N_1+1)+j$

5      $b \leftarrow a+1$

6      $c \leftarrow a+N+2$

7      $d \leftarrow c-1$

8      $\boldsymbol{f2v}[k] \leftarrow [a,b,c]$ $//\boldsymbol{f2v}[k]$ 为第 k 个三角形单元顶点序号

9      $\boldsymbol{f2v}[k+1] \leftarrow [c,d,a]$ $//\boldsymbol{f2v}[k+1]$ 为第 $k+1$ 个三角形单元顶点序号

10   **end for**

11 输出网格单元顶点序号信息

初始化模型释放位置及释放速度的伪代码如下:

1 输入参数:单边单元的个数 N_1、N_2,释放位置 (x_0, y_0),释放速度 (v_{x0}, v_{y0})

2   **for** $i \in N_1, j \in N_2$

3      $k \leftarrow (i+j \times N_1) \times 2$

4      $pos[k_x] \leftarrow \dfrac{i}{N_1} \times 0.25 + x_0$

5      $pos[k_y] \leftarrow \dfrac{j}{N_2} \times 0.25 + y_0$

6      $\boldsymbol{pos}[k] \leftarrow \{pos[k_x], pos[k_y]\}$

7      $\boldsymbol{v}[k] \leftarrow (v_{x0}, v_{y0})$

8   **end for**

9    $N_F \leftarrow 2 \times N_1 \times N_2$ $//N_F$ 为划分网格的总数量

10 **for** $i \in N_F$

11    $[i_a, i_b, i_c] \leftarrow \boldsymbol{f2v}[i]$

12    $\boldsymbol{a}, \boldsymbol{b}, \boldsymbol{c} \leftarrow \boldsymbol{pos}[i_a], \boldsymbol{pos}[i_b], \boldsymbol{pos}[i_c]$

13    $\boldsymbol{B}_{m\_i\_inv} \leftarrow [\boldsymbol{a}-\boldsymbol{c}, \boldsymbol{b}-\boldsymbol{c}]^T$

14    $\boldsymbol{B}_m[i] \leftarrow \boldsymbol{B}_{m\_i\_inv}^{-1}$ // 为方便后续计算, 故引入 $\boldsymbol{B}_m[i]$

15 **end for**

16 无输出

接下来, 进行相关物理量的计算, 一般计算各单元的变形梯度 $\boldsymbol{F}$、第一类 Piola-Kirchhoff 应力张量、弹性力及弹性力的微分形式(若采取隐式时间积分方法), 此实例中, 需计算弹性力及弹性体的势能, 伪代码如下:

1 输入参数: 划分网格总数量 N_F, 三角形单元顶点序号 $\boldsymbol{f2v}[]$, 三角形单元顶点位置坐标 $\boldsymbol{pos}[]$, 参数 $\boldsymbol{B}_m[i]$

2 **for** $i \in N_F$

3    $[i_a, i_b, i_c] \leftarrow \boldsymbol{f2v}[i]$

4    $\boldsymbol{a}, \boldsymbol{b}, \boldsymbol{c} \leftarrow \boldsymbol{pos}[i_a], \boldsymbol{pos}[i_b], \boldsymbol{pos}[i_c]$

5    $pos[k_y] \leftarrow \dfrac{j}{N_2} \times 0.25 + y_0$

7    $\boldsymbol{pos}[k] \leftarrow \{pos[k_x], pos[k_y]\}$

8    $V[i] \leftarrow \|(\boldsymbol{a}-\boldsymbol{c}).cross(\boldsymbol{b}-\boldsymbol{c})\|$ // $V[i]$ 为第 i 个三角形的面积

9    $\boldsymbol{D}_s[i] \leftarrow [\boldsymbol{a}-\boldsymbol{c}, \boldsymbol{b}-\boldsymbol{c}]$ // 求变形矩阵 $\boldsymbol{D}_s[i]$, 其值取决于变形后的位置

10    $\boldsymbol{F}[i] \leftarrow \boldsymbol{D}_s[i]\boldsymbol{B}_m[i]$ // 求变形梯度 $\boldsymbol{F}$

11 **end for**

12 **for** $i \in N_F$

13    $\ln J[i] \leftarrow \ln(\det(\boldsymbol{F}[i]))$

14    $\varphi[i] \leftarrow \dfrac{\mu}{2} \times \ln\{\mathrm{tr}\{\det(\boldsymbol{F}[i])\boldsymbol{F}[i]\}-3\}$

15    $\varphi[i] -= \mu \times \ln J[i]$

16    $\varphi[i] += \dfrac{\lambda}{2} \times \ln J[i]^2$

17    $U[None] += V[i] \times \varphi[i]$ // 所有点的势能之和即为总势能

18 **end for**

19 输出模型总势能

此实例采用显式时间积分方法,伪代码如下:

1 输入参数:节点位置坐标 $pos[i]$,节点总个数 N_F,模型材料密度 ρ,阻尼系数 c

2   **for** $i \in N_V$

3          $acc \leftarrow \dfrac{-pos[i]}{\rho \mathrm{d}x^2}$

4          $v[i] += \mathrm{d}t \times (acc + g)$ //重力加速度 g

5          $v[i] \times= \mathrm{e}^{-\mathrm{d}t \times c}$

6   **end for**

7   **for** $i \in N_V$

8          $disp \leftarrow pos[i] - model2\_pos$

9   **if** $disp <= model2\_radius$ **then**   //重力加速度满足条件说明弹性体已经陷入模型 2 中

10              $NOV \leftarrow disp \cdot v[i]$

11   **if** $NOV < 0$ **then**

12              $v[i] -= \dfrac{NOV \times disp}{disp^2}$

13   **if** $|pos[i]| < 0$ **and** $v[i] < 0$ **or** $|pos[i]| < model2\_radius$ **and** $v[i] > 0$ **then**

14              $|v[i]| = 0$ //设定边界条件

15          $pos[i] += \mathrm{d}t \cdot v[i]$

16   **end for**

17 输出形变后位置

若采用隐式时间积分方法,则需要对动力学方程进行迭代求解,迭代方法很多,读者可以尝试采用 Newton-Raphson 迭代方法进行求解[7]。

最后,在主程序中进行模型的可视化操作,伪代码如下:

1 初始化网格信息()

2 初始化模型释放位置及释放速度

3   **while** display() **do**   //单元显示循环

4   **for** $i \in N_V$ //重力加速度 g

5   采用显式时间积分方法计算弹性体总势能

6		采用显式时间积分方法计算形变后位置
7		显示
8	**end while**	

基于以上伪代码,将相关参数具体化:软体模型每边单元数 $N_1=32$,$N_2=64$、离散面数量 $N_F=2\times N_1\times N_2$、节点数量 $N_V=(1+N_1)\times(1+N_2)$、圆形刚体的位置坐标为(0.5 cm, 0.3 cm)、半径为 0.3 cm、重力加速度为 -9.8 m/s^2、阻力系数为 12.5 N·s/m、杨氏模量 $E=4\times10^4$ Pa、泊松比 $\mu=0.2$、软体释放位置为(0.5 cm,1 cm)、释放初速度为 0 m/s。仿真效果如图 4-2 所示。

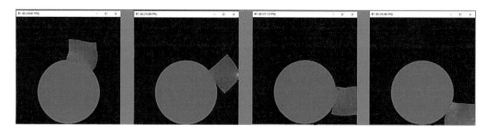

图 4-2　软体仿真实例

4.3　软体系统运动仿真

在 4.2 节中,介绍了基于有限元的软体形变方法,包括软体对象的空间离散化、形变度量、弹性力计算、时间积分等,并给出了相对应的算法示例。读者可参照所给出的伪代码,从底层开始编写软体机器人仿真程序。这种方式具有很高的灵活性,但往往需要消耗较多的时间和精力。在本节中,我们将介绍基于 Bullet 引擎快速实现软体机器人仿真的方法。

下面我们将首先介绍基于 Bullet 引擎的软体仿真场景搭建,并基于 Bullet 物理引擎进行软体对象的形变仿真实验。在这一基础上,进行软体机器人的气动驱动仿真实验,验证气动驱动下软体机器人的形变仿真功能。最后,通过一个仿生软体爬行机器人的操作任务,系统展示所实现的软体机器人仿真效果。

4.3.1　基于 Bullet 引擎的软体仿真场景

Bullet 是一款开源的物理仿真引擎,由 Erwin Coumans 等人开发[8]。Bullet 提供了仿真场景中的碰撞检测、刚体动力学、软体形变等功能。

基于 Bullet 引擎,可采用 C++语言搭建仿真场景。在 Bullet 仿真引擎中：新建 btDeformableMultiBodyDynamicsWorld 对象作为仿真场景的主类，用于承载场景中的仿真对象，并执行运动/形变计算、碰撞检测、仿真对象状态更新等步骤；新建 btDeformableBodySolver 和 btDeformableMultiBodyConstraintSolver 对象作为软体对象的形变计算类，用于实现软体对象中模型网格节点的受力计算、约束求解、速度/位置的更新等仿真步骤；新建 btSoftBodyRigidBodyCollisionConfiguration 和 btCollisionDispatcher 对象用于场景中各物体之间的碰撞检测。此外，还需设置仿真场景中的重力方向。采用 C++ 语言实现的仿真场景搭建过程如下：

```
void setup()
{
    m _ collisionConfiguration = new btSoftBodyRigidBodyCollision-
Configuration();
    m_dispatcher=new btCollisionDispatcher(m_collisionConfiguration);
    m_broadphase=new btDbvtBroadphase();
    btDeformableBodySolver * deformableBodySolver = new btDeformable-
BodySolver();
    btDeformableMultiBodyConstraintSolver * sol = new btDeformable-
MultiBodyConstraintSolver();
    sol-> setDeformableSolver(deformableBodySolver);
    m _ dynamicsWorld = new btDeformableMultiBodyDynamicsWorld(m _ dis-
patcher, m _ broadphase, sol, m _ collisionConfiguration, deformable-
BodySolver);
    btVector3 gravity=btVector3(0, -9.81, 0);
    m_dynamicsWorld-> setGravity(gravity);
}
```

建立空白的仿真场景后，可向仿真场景中添加代表地面的刚体对象。新建立方体对象 btRigidBody 类，其质量设置为 0，即表示物体在仿真场景中固定不动，并将该立方体加入仿真场景中。该过程如下：

```
void createGround()
{
    ///create a ground
    btCollisionShape* groundShape= new btBoxShape(btVector3(btScalar
(150.), btScalar(50.), btScalar(150.)));
    m_collisionShapes.push_back(groundShape);
    btTransform groundTransform;
    groundTransform.setIdentity();
```

```
groundTransform.setOrigin(btVector3(0, -50, 0));
groundTransform.setRotation(btQuaternion(btVector3(1, 0, 0), SIMD_
PI* 0.0));
//We can also use DemoApplication::localCreateRigidBody, but for
clarity it is provided here:
btScalar mass(0.);
//rigidbody is dynamic if and only if mass is non zero, otherwise static
bool isDynamic= (mass ! = 0.f);
btVector3 localInertia(0, 0, 0);
if (isDynamic)
groundShape-> calculateLocalInertia(mass, localInertia);
//using motionstate is recommended, it provides interpolation capa-
bilities, and only synchronizes 'active' objects
 btDefaultMotionState *  myMotionState = new  btDefaultMotionState
(groundTransform);
btRigidBody:: btRigidBodyConstructionInfo rbInfo (mass, myMotion-
State, groundShape, localInertia);
btRigidBody* body= new btRigidBody(rbInfo);
body-> setFriction(1);
//add the ground to the dynamics world
m_dynamicsWorld-> addRigidBody(body);
}
```

最后,可对该场景进行仿真计算,得到空白的仿真场景,如图 4-3 所示。采用 C++语言实现的仿真场景计算过程如下。

图 4-3　空白仿真场景

```
virtual void stepSimulation(float delta Time)
{
    float internalTimeStep=1./240;
    m_dynamicsWorld-> stepSimulation(deltaTime, 4, internalTimeStep);
}
```

仿真结束后,需要删除搭建仿真场景时新建的 m_dynamicsWorld、m_solver、m_broadphase、m_dispatcher、m_collisionConfiguration 等对象,释放内存资源。

4.3.2　软体对象形变仿真实例

在软体对象的形变仿真实例中,通常需要建立软体对象的表面网格,并对其进行空间离散化,得到四面体单元,将四面体单元网格导入已搭建好的 Bullet 软体仿真场景中,从而进行软体对象的形变仿真。该过程具体如下:

首先,建立仿真所需的软体对象模型网格。我们采用 Blender 软件绘制得到软体对象的表面网格,保存为 soft_obj. ply 文件。软体对象模型的表面网格如图 4-4 所示。

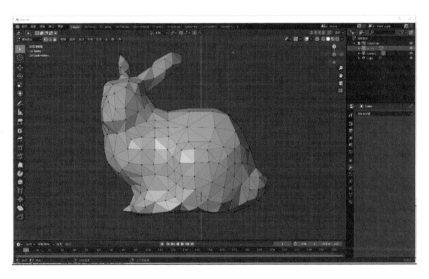

图 4-4　软体对象模型的表面网格

得到软体对象的表面网格后,需要对其进行空间离散化。我们采用 Gmsh 软件对软体对象的表面网格进行空间离散化,得到软体对象模型的节点、四面体单元等信息,并将软体对象的空间网格信息导出为 soft_obj. vtk 文件。软体对象模型的空间离散化结果如图 4-5 所示。

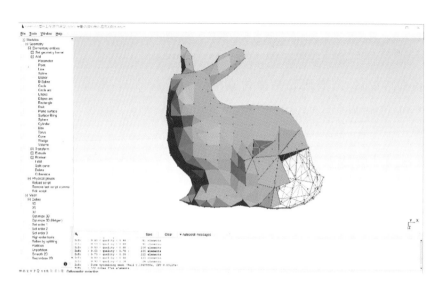

图 4-5　软体对象模型的空间四面体单元网格离散化

接下来,将软体对象载入仿真场景中。在基于 Bullet 引擎的软体机器人仿真中,采用 btSoftBody 类表示软体对象。借助 Bullet 仿真引擎中的 btSoftBodyHelpers∷CreateFromVtkFile(⋯)函数读取前述生成的软体对象网格信息文件,并建立软体仿真对象实例。建立软体仿真对象实例后,可对该实例进行缩放、移动等操作,并设置碰撞阈值、质量等参数。

在基于 Bullet 引擎的软体对象仿真中,软体对象所受的重力、弹性力等均可通过 btDeformableLagrangianForce 类实现。在本仿真实例中,软体对象受到重力、自身弹性力的作用,因此,需要添加相应的力学仿真对象,即用于重力计算的 btDeformableGravityForce 实例和用于弹性力计算的 btDeformableLinearElasticityForce 实例,并将力学仿真实例与相应的软体对象仿真实例相关联,一并添加到仿真场景中。采用 C++语言实现的软体对象实例创建过程如下:

```
btSoftBody* createSoftObject()
{
  btSoftBody* psb=
  btSoftBodyHelpers:: CreateFromVtkFile (getDeformableDynamicsWorld
()-> getWorldInfo(), absolute_path);
```

```
getDeformableDynamicsWorld()-> addSoftBody(psb);
psb-> scale(btVector3(2, 2, 2));
psb-> translate(btVector3(0, 5, 0));
psb-> getCollisionShape()-> setMargin(0.1);
psb-> setTotalMass(0.5);
psb-> m_cfg.kKHR=1; // collision hardness with kinematic objects
psb-> m_cfg.kCHR=1; // collision hardness with rigid body
psb-> m_cfg.kDF=2;
psb-> m_cfg.collisions=btSoftBody::fCollision::SDF_RD;
psb-> m_cfg.collisions=btSoftBody::fCollision::SDF_RDN;
psb-> m_sleepingThreshold=0;
btSoftBodyHelpers::generateBoundaryFaces(psb);
btDeformableGravityForce* gravity_force=new btDeformableGravity-
Force(gravity);
getDeformableDynamicsWorld()-> addForce(psb, gravity_force);
m_forces.push_back(gravity_force);
btDeformableLinearElasticityForce* linearElasticity=new btDeform-
ableLinearElasticityForce(100, 100, 0.01);
m_linearElasticity=linearElasticity;
getDeformableDynamicsWorld()-> addForce(psb, linearElasticity);
m_forces.push_back(linearElasticity);
return psb;
}
```

将软体对象载入仿真场景中,便可执行软体对象的仿真流程。仿真程序初始化后,仿真场景中的软体对象如图 4-6 所示。

在软体对象形变仿真实验中,模拟软体对象在重力作用下自由落体撞击地面后的形变状态。软体对象的初始高度设置为 1 m,运行程序得到软体对象自由下落及撞击地面后的形变仿真实验过程结果,如图 4-7 所示。

由图 4-7 所示的仿真实验过程可以看到,软体对象在重力的作用下自由落体,并撞击地面。当与地面发生碰撞后,软体对象由于受到地面的限制而发生形变。形变过程能逼真地模拟软体对象在外部作用下的形变特征。

实时性是软体机器人仿真需要考虑的一个重要因素。在软体机器人形变仿真中,24 Hz 以上的计算频率能够基本满足人眼的分辨需求,因此,往往需要仿真程序在 1/24 s 时间内完成软体对象形变的计算。基于有限元的仿真方法具有较高的计算精度,但是该方法的计算量大,当软体对象的模型网格节点数较多时,往往需要消耗大量的计算资源,制约仿真的实时性。在现有的研究中,

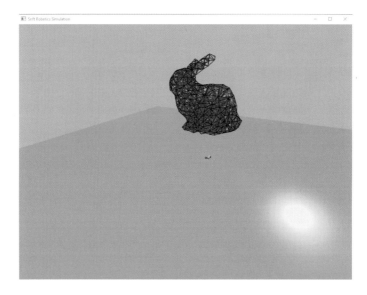

图 4-6 仿真场景中的软体对象

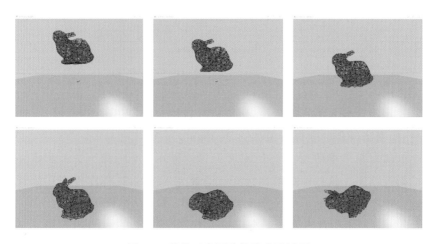

图 4-7 软体对象下落仿真实验过程

对于较大规模的软体对象仿真实例,往往采用基于 GPU 并行计算的方法进行仿真加速,读者可进一步阅读相关文献资料[5,9]。

在本节的软体对象仿真中,基于有限元方法进行软体对象形变的求解计算。相比于第 3 章中的刚软混杂机器人的仿真方法,虽然消耗了更多的计算资源,但具有更高的计算精度,这也是本方法最重要的优势之一。

4.3.3 软体机器人仿真实例

在软体机器人系统中,驱动方式通常包括气动驱动、磁性驱动、线驱动等多种方式,其中气动驱动方式最为常见。在 4.3.2 节中,展示了基于 Bullet 引擎的软体对象形变仿真。在本节的仿真实例中,将验证基于 Bullet 引擎的气动驱动的软体机器人仿真。本节将以软体手爪为例,展示气动驱动的软体机器人仿真过程。

4.3.3.1 软体机器人驱动仿真实例

为了更好地展示气动驱动仿真方法,首先进行单个软体手指的驱动仿真。使用 Blender 软件建立软体手指的表面网格,如图 4-8 所示。在软体手指中,向腔体内通入压力气体后,腔体内壁受到压力,软体手指产生形变,进而可驱动软体手指执行相应操作。这是气动驱动的软体机器人系统的工作原理。在软体机器人的仿真中,通过对软体机器人模型中腔体内壁施加给定的力,模拟软体机器人气动驱动力的施加过程,这是气动驱动的软体机器人系统的仿真方法。

使用 Gmsh 软件对软体手指的表面网格进行空间离散化,得到四面体单元网格并导出为 soft_actuator.vtk 文件,如图 4-9 所示。提取软体手指内部气动驱动腔体的表面网格信息,保存为 soft_actuator_drive.vtk 文件。在驱动仿真

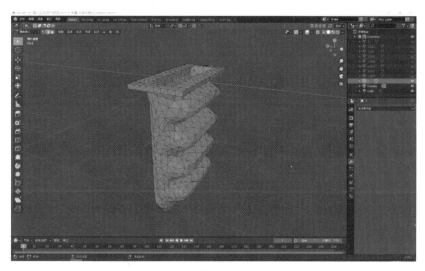

（a）

图 4-8　软体手指仿真

（a）软体手指几何模型；（b）软体手指内部驱动单元

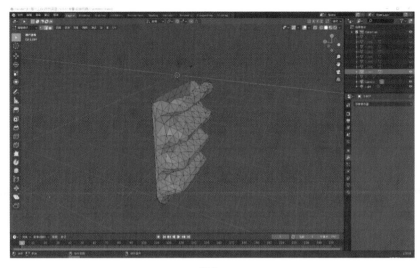

（b）

续图 4-8

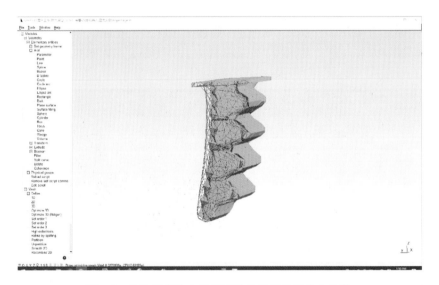

图 4-9　软体手指的空间四面体单元网格离散化结果

过程中，基于软体对象的四面体单元网格数据实现软体对象的形变仿真，基于气动驱动腔体的表面网格信息实现气动驱动力的仿真。通过对腔体表面网格施加驱动力，驱动软体机器人产生形变。

仿照 4.3.2 节，建立基于 Bullet 引擎的仿真场景，并建立软体对象仿真的

btSoftBody 实例。建立软体对象重力、弹性力仿真的 btDeformableLagrangian-
Force 实例,将其与软体对象关联并添加到仿真场景中,即可实现软体手指对象
的形变仿真,如图 4-10 所示。

图 4-10　仿真场景中的软体手指对象

接下来进行气动驱动力的仿真。基于 Bullet 仿真引擎,新建 btPneumatic-
Force 对象,用于模拟对软体对象施加气动驱动力这一过程。btPneumatic-
Force 类 继 承 自　btDeformableLagrangianForce 类,并重载了成员函数
addScaledForces(…)、addScaledExplicitForce(…)和 totalEnergy(…)。具体的
思路是,遍历气体驱动腔体表面全部网格,计算每个网格(三角形面片)的面积 s
和法向量 n,则施加在网格上的驱动力为 $f = p \cdot s \cdot n$,然后将该网格上的驱动
力均匀分布在网格的节点上。btPneumaticForce 类的实现如下:

```
class btPneumaticForce : public btDeformableLagrangianForce
{
  btScalar m_presure=0.0;

  public:
  virtual void addScaledElasticForce(btScalar scale, TVStack& force)
  {
    for (int i=0; i< m_softBodies.size(); ++i)
    {
```

```
        btSoftBody* psb=m_softBodies[i];
        if(! psb->isActive())
        {
          continue;
        }

        btAlignedObjectArray< btSoftBody::Face> &faces1=psb->getPneu-
    Faces1();
        for(int idx=0; idx<faces1.size(); idx++)
        {
          const btSoftBody::Face& f=faces1[m_faces[idx]];
          btScalar aera=AreaOf(f.m_n[0]->m_x, f.m_n[1]->m_x, f.m_n[2]->m_x);
          btVector3 p_force=f.m_normal* aera* m_presure* 0.0001;
          for (int i=0; i<3; ++i)
          {
            force[f.m_n[i]->index] -=p_force;
          }
        }
      }
    }

    void setPresure(btScalar presure)
    {
      m_presure=presure;
    }
  }
```

在仿真初始化过程中,根据 soft_actuator_drive. vtk 中的软体手指腔体表面网格数据,得到软体对象腔体表面网格的编号,导入 btSoftBody 类中。将软体手爪基座部分的网格节点质量设置为 0,从而使其固定不动。接下来,在仿真阶段,依据腔体表面法向量、网格面积等数据,并实时读取当前的驱动气体压力,计算得到腔体表面网格受到的气动驱动力的大小,并将驱动力施加到腔体表面网格的节点上。仿真计算过程如下:

```
    void stepSimulation(float deltaTime)
    {
      m_pneumatic_force->setPresure(m_presure);
      float internalTimeStep=1./240;
      m_dynamicsWorld->stepSimulation(deltaTime, 4, internalTimeStep);
    }
```

完成上述配置后,进行软体手指驱动仿真。在仿真过程中,通过输入控制软体手指腔体内压力的大小,在腔体表面产生不同的压力,使软体手指实现相应的形变状态。图 4-11 所示的是软体手指在不同驱动气体压力下的形变状态。当气体压力为零时,软体手指保持初始状态;随着气体压力不断增大,软体手指产生更大的形变。并且,当气体压力保持恒定时,软体手指保持当前的形变状态。

图 4-11　软体手指在不同驱动气体压力下的形变

基于本节所述的方法,实现了软体手指气动驱动的仿真。软体手指系统中的其他驱动方式,如磁性驱动等,也可以通过在仿真场景中仿真相应的磁场,计算得到模型网格节点所受到的磁性驱动力大小,进而实现磁性驱动软体手指的仿真,在这里就不再详述。总的来说,通过本实例,验证了在软体手指驱动仿真中,通过计算网格节点中驱动力来实现仿真计算的方式是可行的,能够取得可以接受的仿真结果。

4.3.3.2 软体机器人系统仿真实例

在本小节中,将展示软体手爪系统的仿真实例。软体手爪系统通常包含刚性基座、软体手指等部分,并连接在机械臂的末端。在本仿真实例中,仅仿真由刚性基座、软体手指组成的末端执行机构。

首先,使用 Blender 软件绘制软体手爪系统的三维几何模型,并对其进行装配。如图 4-12 所示,软体手爪系统包含一个刚性基座、三个软体手指。软体手指均匀排布在刚性基座上,且软体手指的底部固定在刚性基座上与基座连接。在软体手爪系统工作时,软体手指随刚性基座的移动而整体运动。当软体手指内部腔室通入压力气体后,软体手指发生弯曲,从而使软体手爪实现物体的抓取。将刚性基座保存为 base. obj 文件。使用 Gmsh 软件将软体手指的表面网格进行空间离散化,得到四面体单元网格数据,导出为 soft_actuator_1. vtk、soft_actuator_2. vtk 和 soft_actuator_3. vtk 文件。提取软体手指内部气动驱动腔体的表面网格信息,保存为 soft_actuator_drive_1. vtk、soft_actuator_drive_2. vtk 和 soft_actuator_drive_3. vtk 文件。

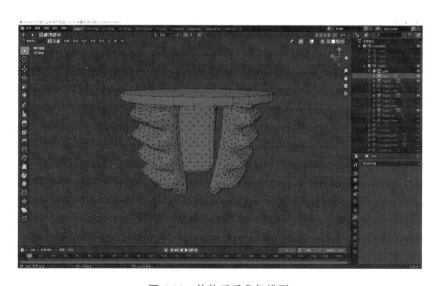

图 4-12　软体手爪几何模型

　　仿照 4.3.3.1 节,建立基于 Bullet 引擎的仿真场景,建立刚体对象 btRigid-
Body,作为软体手爪系统的基座,建立软体对象仿真的 btSoftBody 实例,作为
手指。建立软体对象重力、弹性力仿真的 btDeformableLagrangianForce 实例,
将其与软体对象关联并添加到仿真场景中。建立的仿真场景如图 4-13 所示。
刚性基座的添加过程如下:

```
{
  b3BulletDefaultFileIO fileIO;
  GLInstanceGraphicsShape * gfxShape = LoadMeshFromSTL (baseFileName,
&fileIO);
  btTransform trans;
  trans.setIdentity();
  trans.setRotation(btQuaternion(btVector3(1, 0, 0), SIMD_HALF_PI));
  btVector3 position=trans.getOrigin();
  btQuaternion orn=trans.getRotation();
  btVector4 color(0, 0, 1,1);
  int  shapeId = m_guiHelper-> getRenderInterface ()-> registerShape
(&gfxShape->m_vertices-> at (0).xyzw[0], gfxShape-> m_numvertices,
&gfxShape->m_indices->at(0), gfxShape->m_numIndices);
  m_guiHelper-> getRenderInterface ()-> registerGraphicsInstance (sha-
peId, position,orn, color, m_scaling);
}
```

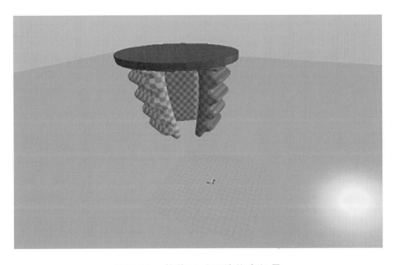

图 4-13　软体手爪系统仿真场景

在软体手爪系统的使用中，通过移动基座控制软体手爪系统的位置。在仿真流程中，通过设定刚性基座的位置控制手爪系统的位置，并将软体手指的位置与刚性基座的位置同步。在基于 Bullet 引擎的仿真中，通过在仿真步骤的起始阶段设定刚体对象的位置来控制刚性基座的位置，其设置方法如下：

```
void baseDynamics (btScalar time, btDeformableMultiBodyDynamicsWorld
* world)
{
    btAlignedObjectArray < btRigidBody * > & rbs = world-> getNonStatic-
RigidBodies();
    if(rbs.size()<1)
    return;
    btTransform rbTransform;
    rbTransform.setIdentity();
    btVector3 translation;
    btVector3 velocity;
    btRigidBody* rb0= rbs[0];
    rbTransform.setOrigin(translation);
    rbTransform.setRotation(btQuaternion(btVector3(1, 0, 0), SIMD_PI*
0));
    rb1-> setCenterOfMassTransform(rbTransform);
    rb1-> setAngularVelocity(btVector3(0,0,0));
    rb1-> setLinearVelocity(velocity);
}
```

将上述方法注册为 btDeformableMultiBodyDynamicsWorld 类的回调函数，即可在仿真步骤中实时设置刚体对象的位置，即

```
getDeformableDynamicsWorld()->setSolverCallback(baseDynamics);
```

完成刚性基座的位置设定后，需要将软体手指底部与刚性基座连接处的节点进行位置同步。在基于 Bullet 引擎的仿真中，可在仿真步骤起始时设定软体对象中部分节点的位置。该功能可通过添加 btSoftBody::translateFixedNodes(⋯) 函数实现：

```
void btSoftBody::translateFixedNodes(const btVector3& trs)
{
    btTransform t;
    t.setIdentity();
```

```
t.setOrigin(trs);
const btScalar margin=getCollisionShape()-> getMargin();
ATTRIBUTE_ALIGNED16(btDbvtVolume)
vol;
for (int i=0, ni=m_nodes.size(); i <  ni; + + i)
{
    Node& n=m_nodes[i];
    if(n.m_im> 0) continue;
    n.m_x=t* n.m_x;
    n.m_q=t* n.m_q;
    n.m_n=t.getBasis()* n.m_n;
    vol=btDbvtVolume::FromCR(n.m_x, margin);
    m_ndbvt.update(n.m_leaf, vol);
}
updateNormals();
updateBounds();
updateConstants();
}
```

如 4.3.3.1 节所述,对软体手指腔体内的节点施加驱动气压,从而驱动软体手指产生相应的形变,实现手爪的抓取功能。仿真执行程序如下:

```
void stepSimulation(float deltaTime)
{
    float internalTimeStep=1./240;
    m_dynamicsWorld-> stepSimulation(deltaTime, 4, internalTimeStep);
}
```

图 4-14 所示的是软体手爪系统在不同驱动气压下的形变状态。当气压为零时,软体手爪保持初始状态;随着气体压力不断增大,软体手爪也随着产生更大的形变。并且,当气体压力保持恒定时,软体手爪能够保持当前的形变状态。

为了进一步验证软体手爪系统的仿真功能,下面进行软体手爪系统抓取物体的仿真实例。图 4-15 所示为软体手爪系统抓取物体的仿真过程。通过设置软体手爪系统的基座位置,来控制整个软体手爪系统的移动。通过设置软体手指腔体内的气压值,控制软体手指的形变。

本节实现了软体手爪机器人的仿真,验证了基于 Bullet 引擎的软体机器人仿真方法。相比于刚软混杂机器人的仿真方法,本仿真方法基于有限元方法,具备更高的精确性。

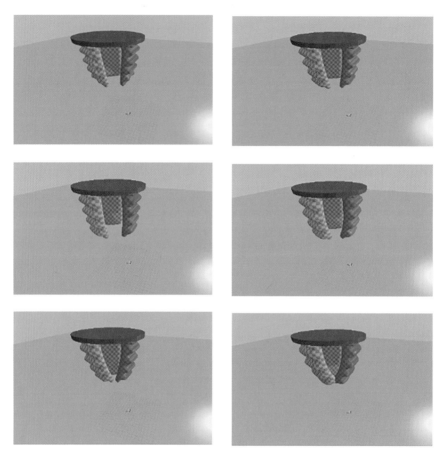

图 4-14　软体手爪系统在不同驱动气压下的形变

图 4-15　软体手爪系统抓取物体

续图 4-15

4.4 本章小结

在这一章,我们首先从软体机器人的仿真方法出发,简要探讨了基于有限元模型的软体机器人仿真基础理论,并给出了软体对象形变仿真实现的过程实例。接下来,针对软体机器人仿真需求,展示了基于 Bullet 引擎的软体机器人仿真方法及实例。最后,展示了软体机器人在气动驱动下的运动场景仿真。

本章内容的意义在于,向读者展示了基于有限元模型的软体机器人仿真基础理论和实现过程,更重要的是,在现有的软体机器人形变理论及 Bullet 引擎的基础上,实现了软体机器人气动驱动仿真,这是对刚软混杂机器人仿真方法的进一步发展。

本章参考文献

[1] KIM B,LEE S B,LEE J,et al. A comparison among Neo-Hookean model,Mooney-Rivlin model,and Ogden model for chloroprene rubber [J]. International Journal of Precision Engineering and Manufacturing,

2012,13(5):759-64.

[2] HOU W G, LIU P X, ZHENG M H. Modeling of connective tissue damage for blunt dissection of brain tumor in neurosurgery simulation [J]. Computers in Biology and Medicine, 2020,120:103696.

[3] NEALEN A, MÜLLER M, KEISER R, et al. Physically based deformable models in computer graphics[J]. Computer Graphics Forum, 2006, 25(4):809-836.

[4] SIFAKIS E, BARBIC J. FEM simulation of 3D deformable solids: a practitioner's guide to theory, discretization and model reduction[C]// Proceedings of ACM SIGGRAPH 2012 Courses. New York: ACM, 2012: 1-50.

[5] ALLARD J, COURTECUISSE H, FAURE F. Implicit FEM solver on GPU for interactive deformation simulation[M]//HWU W M. GPU Computing Gems(Jade Edition). Amsterdam: Elsevier, 2011: 281-294.

[6] CAI J P, LIN F, SEAH H S. Graphical simulation of deformable models [M]. Cham: Springer,2016.

[7] AKRAM S, ANN Q U. Newton Raphson method[J]. International Journal of Scientific & Engineering Research, 2015,6(7):1748-1752.

[8] COUMANS E,BAI Y. Pybullet, a python module for physics simulation for games, robotics and machine learning[EB/OL]. [2021-1-21]. http://pybullet. org.

[9] WANG H M, YANG Y. Descent methods for elastic body simulation on the GPU[J]. ACM Transactions on Graphics,2016, 35 (6):1-10.

第 5 章
机器人系统仿真案例实现

5.1　引言

在前面章节中,我们系统介绍了基于 ROS 平台实现机器人系统仿真的基本方法,以及如何根据任务需求,开发构建自己的功能包。本章中我们将结合所承担的研究性项目,选取其中代表性的机器人仿真部分的工作进行实际案例演示。

5.2　工业装配机器人系统仿真

近年来,随着劳动力成本日益上升,"机器换人"已经成为当前我国制造业的迫切需求。具备高精度、智能化感知与复杂运动控制能力的机器人系统不断被应用在 3C 电子制造、食品加工等行业。这一类系统一般具备基于视觉的识别与定位、基于力感知等的运动控制以及基于多类传感器信息的状态监测和异常处理功能。图 5-1 给出了项目研究中一例工业装配机器人演示系统。该系统包含两套子系统,分别完成 3C 主板组件的装配以及 RV 减速器中心齿轮的啮合。

5.2.1　卡槽类装配操作仿真

3C 主板组件的装配主要需完成 PCB 上卡槽类装配,这类装配是 3C 制造中的劳动密集型任务,这类任务操作工序多,装配要求苛刻(防呆设计使得仅有一个位置可以插入),装配不到位或装配件损坏会导致较严重后果等,急需自动化解决方案。手工操作中工人可以准确地将 CPU 放置在专用的卡座内,并扣上弹性锁紧机构;安装内存条时,工人需要对准内存条上的缺口方向,以唯一的方向用力将内存条插入卡座并压动内存条锁紧机构。机器人实现此类自动化

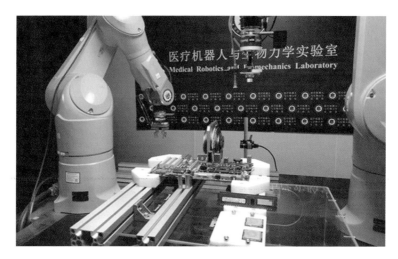

图 5-1　3C 主板组件和 RV 减速器装配演示系统

的装配操作时,需要实现:装配零件的识别与定位、装配特征的识别与定位;精准装配力控制下的卡扣类机构的扣合;装配策略及操作规划制定;全过程装配状态感知及异常监测与处理。

　　为了对相关算法进行研究,在 ROS 基础上实现了装配仿真场景(见图 5-2)。整个仿真场景包括六自由度的机械臂、气动末端执行器、CPU 装配组件以及内

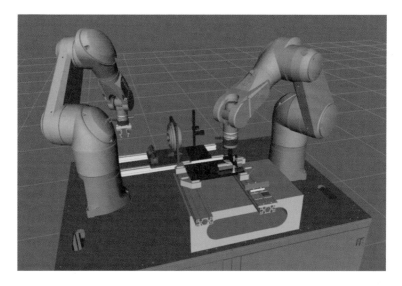

图 5-2　3C 主板组件和 RV 减速器装配演示系统仿真场景

存条装配组件,属于标准的刚体机器人系统,按照第 2 章中刚体机器人的仿真方法创建的功能包如表 5-1 所示。

表 5-1　3C 主板组件装配功能包

功能包名称	作　　用
tx90_description	机械臂模型描述文件
tx90_kinematics	机械臂运动学模型
joint_sim_controller	机械臂虚拟控制器
ee_description	末端执行器模型描述文件
assembly_description	装配对象模型描述文件
object_sim_controller	装配对象运动学模型

完成上述功能包编译后,新建 assembly_project 功能包,在 launch 文件夹下创建 assembly_task.launch 文件,并启动得到图 5-2 所示场景。

```
<?xml version="1.0"?>
<launch>
    <include file="$(find assembly_system_description)/launch/load_
assembly_system.launch"/>
    <include file="$(find assembly_system_description)/launch/ob-
ject_controller.launch"/>
    <!--customized joint controller' -->
    <node name="joint_sim_controller" pkg="joint_sim_controller"
type=" joint _ sim _ controller _ node. py" respawn =" false" output
="screen"/>
    <node name="robot_state_publisher" pkg="robot_state_publisher"
type="robot_state_publisher"/>
    <node name="rviz" pkg="rviz" type="rviz" args="-d $(find assembly_
system _ description)/config/assembly. rviz" required =  "true"/> </
launch>
```

5.2.1.1　装配对象目标识别与定位

三维目标识别与定位的目的在于告诉机器人目标物体在哪里,引导机器人进行物体抓取、零部件装配等操作任务。然而,非结构化环境下存在背景杂乱、光照变化、物体堆叠与遮挡等情况,实际场景下的识别面临挑战。基于模板匹配的思想,本项目中提出了一种改进的 LINEMOD 算法,用于检测任意姿态的三维物体[1],并确定物体的粗略位姿,实现目标的粗定位。针对传统 LINE-

MOD 算法匹配后得到的重复检测结果和错误检测结果,我们提出了模板聚类算法,将空间位置相似的模板聚类在一起;设计了一个评价函数,评估模板聚类与场景的相似程度;根据评估得分,以非极大值抑制算法去除重复识别结果。基于物体检测结果,利用模板的位姿恢复物体的初始位姿。三维目标识别与定位的算法框架如图 5-3 所示。

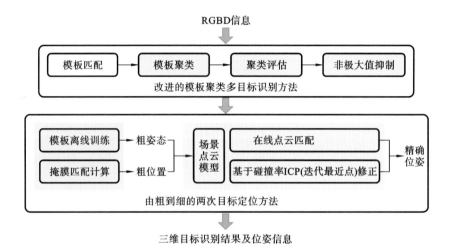

图 5-3　三维目标识别与定位算法框架

为实现上述算法,创建 ork_renderer 功能包,并依赖 Boost、OpenCV 2、OpenGL 基础功能包;创建 linemod_pose_est 功能包,并依赖 object_recognition_renderer、pcl_ros、trac_ik_lib 和 moveit_ros_planning_interface 基础功能包。

算法首先通过 2D 相机采集包含目标对象的目标场景图。由于一张模板图像只能表示在单一视角下对物体的观测,因此要实现任意位姿下的三维物体检测,必须从多个视角和在不同距离下采集模板图像。由于模板数量过多,手动地使用相机进行图像采集是费时和不切实际的,因此 ork_renderer 功能包使用 OpenGL 渲染物体的三维模型图。

linemod_pose_est 功能包通过标准模板匹配识别目标区域,随后通过离线训练位姿粗估计与在线点云配准的二次精定位,实现由粗到细的"离线训练-在线配准"两次目标定位。基于实时采集的 RGBD 数据实现的目标对象的识别与定位结果如图 5-4 所示。

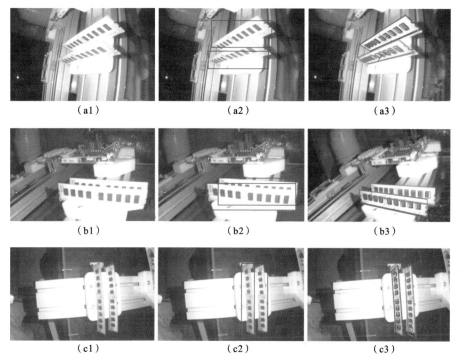

(a1)　　　　　　　　(a2)　　　　　　　　(a3)

(b1)　　　　　　　　(b2)　　　　　　　　(b3)

(c1)　　　　　　　　(c2)　　　　　　　　(c3)

图 5-4　三维目标识别与定位结果

5.2.1.2　装配力感知及运动控制

针对工业位控型机器人的控制接口条件,在离线操作路径规划的结果上,本小节提出了一种基于伺服层位置控制信号实现的阻抗和导纳力位混合控制方法,实现在线操作过程基于接触力引导的操作动作控制。完成此部分的硬件系统包括四个部分:ROS 上位机、机器人、视觉传感器和六维力传感器。各部分通过一个交换机连接从而形成一个分布式系统,采用以太网连接并基于 TCP/IP 进行通信和数据交换,各部分之间的数据交换的信息流如图 5-5 所示。

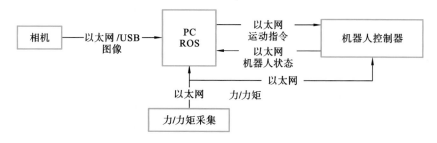

图 5-5　装配力感知各部分间数据交换的信息流

　　六维力传感器 Wacoh Sensor 已经与机器人控制器进行了硬件集成,机器人控制器能通过安装在机器人末端上的六维力传感器获取装配过程中的操作力。机器人阻抗控制根据机器人末端的位置、速度、加速度和反馈力,通过调整目标阻抗参数达到控制作用力的目的,具体实现的逻辑框架如图 5-6 所示,所对应的阻抗模型为

$$\boldsymbol{M}_{\mathrm{d}}\big[\ddot{\boldsymbol{X}}(t)-\ddot{\boldsymbol{X}}_{\mathrm{d}}(t)\big]+\boldsymbol{B}_{\mathrm{d}}\big[\dot{\boldsymbol{X}}(t)-\dot{\boldsymbol{X}}_{\mathrm{d}}(t)\big]+\boldsymbol{K}_{\mathrm{d}}\big[\boldsymbol{X}(t)-\boldsymbol{X}_{\mathrm{d}}(t)\big]=\boldsymbol{F}_{\mathrm{d}}(t)-\boldsymbol{F}_{\mathrm{e}}(t)$$

其中:$\boldsymbol{M}_{\mathrm{d}}$、$\boldsymbol{B}_{\mathrm{d}}$ 和 $\boldsymbol{K}_{\mathrm{d}}$ 分别为期望阻抗模型的惯性矩阵、阻尼矩阵和刚度矩阵;$\ddot{\boldsymbol{X}}(t)$、$\dot{\boldsymbol{X}}(t)$ 和 $\boldsymbol{X}(t)$ 分别为机器人末端加速度、速度和位移;$\ddot{\boldsymbol{X}}_{\mathrm{d}}(t)$、$\dot{\boldsymbol{X}}_{\mathrm{d}}(t)$ 和 $\boldsymbol{X}_{\mathrm{d}}(t)$ 分别为机器人期望的运动加速度、速度和位移;$\boldsymbol{F}_{\mathrm{e}}(t)$ 为机器人末端与环境接触受到的作用力;$\boldsymbol{F}_{\mathrm{d}}(t)$ 为机器人期望的接触力。

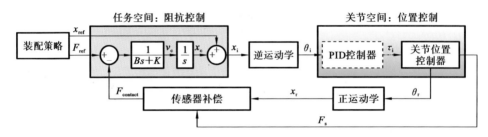

图 5-6　基于伺服层位置控制信号实现的力位混合控制逻辑框架

　　由于在 ROS 下基于 Modbus 实现的通信接口的通信响应时间在 20 ms 左右,无法满足实时力控制的响应要求,故在机器人的控制器底层实现阻抗控制算法,通过基于 Modbus 实现的 ROS-I 接口进行数据交换。在机器人控制器下,实现基于位置的机器人阻抗控制算法的伪代码如下。

MOVE_SYNC_BEGIN(*mMdesc_RT*)

1　TASK_CREATE_SYNC()

2　*x_pPoint_Pos*←GET_POS_FBK()

3　*x_nPoint_Vel*←GET_SPEED_FBK()

4　*x_nPoint_Accel*←CALCULATE(*x_nPoint_Vel*)

5　SIO_GET(*sSocket*,*x_nForce*)

6　SIO_GET(*sSocket*,*x_nDesiredForce*)

7　SIO_GET(*sSocket*,*x_nDesiredRobotStates*)

8　*x_nJoint_Command*←NEW_COMMAND(*x_pPoint_Pos*,*x_nPoint_Vel*,*x_nPoint_Accel*,*x_nDesiredRobotStates*,*x_nForce*,

$x\_nDesiredForce$)

9　　**while** true **do**

10　　　MOVE_SYNC($x\_nJoint\_Command$)

基于位置的机器人阻抗控制算法实现的基本思路如下:第一步,通过指令和数值计算获取机器人当前状态(末端位置、速度、加速度);第二步,通过套接字(Socket)通信获取目前机器人操作的交互作用力;第三步,采用 Socket 通信获取机器人上层规划的目标状态及目标力(期望的末端位置、速度、加速度和操作力);第四步,基于理想阻抗模型计算运动位置并更新机器人的运动位置指令;第五步,将新的运动位置指令发送给机器人执行。上述过程为一个运动周期,不断重复上述过程,从而实现机器人的力位混合控制(见图5-7)。

在机器人阻抗控制实际程序开发中,通过创建同步任务以 4 ms 的周期循环执行上述程序段来实时控制机器人运动,从而实现机器人根据装配操作力来动态调整运动,提高机器人的操作柔顺性及动态控制性能。

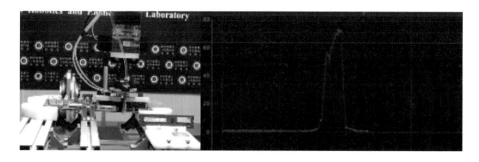

图 5-7　操作过程中的力位混合控制

5.2.1.3　装配路径规划及复合感知操作结果

在不考虑装配误差和接触力约束条件时,整个装配任务是一个无碰撞的典型点对点规划任务,使用第 2.4.1.3 节中的 RRT 规划算法可生成各关键点间的无碰撞轨迹。新建 simulation_task 功能包,并依赖 rospy、roslib 和 tx90_ki-nematics,在 scripts 文件夹下新建 3c_assembly_task_planning.py 文件,以 CPU 装配子任务为例,执行任务规划和路径的结果如图 5-8 所示。对于实际的装配操作任务,此过程实际对应离线规划结果。

装配力感知与运动控制是在离线规划结果的基础上,基于力约束关系的在线阻抗和导纳模型,实现轨迹修正和关键位置的装配约束控制,最终执行任务程序 3c_assembly_task.py 实现 3C 卡扣类装配过程的关键步骤如图 5-9、图5-10 所示。

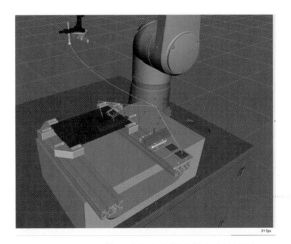

图 5-8　CPU 装配路径规划(离线规划结果)

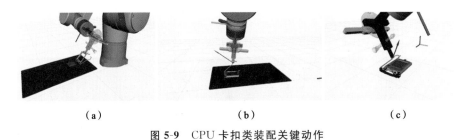

图 5-9　CPU 卡扣类装配关键动作

(a) 扣合 CPU 底座金属盖板;(b) 扣合 CPU 底座扳手;(c) 锁紧 CPU 底座扳手

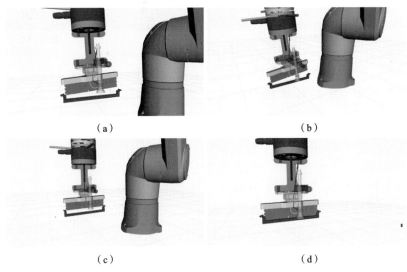

图 5-10　RAM 装配关键动作

(a) RAM 接近左侧槽沟;(b) 对齐 RAM 底座槽沟;(c) RAM 接近右侧槽沟;(d) 插入锁紧

5.2.2 孔轴配合装配操作仿真

RV 减速器的关键结构由三个沿圆周方向等间距分布的固定轴线的行星齿轮和一个中心轴组成,其装配操作的难度在于多齿间啮合(见图 5-11)。研究中基于图像和装配力反馈进行预接触位置的检测和接触力的估计。基于第5.2.1节中已实现的功能模块和功能包,创建 2d_pose_est 功能包,使用定焦镜头获取 2D 图像,进行模板匹配计算得到目标区域内行星齿轮和中心轴中心位置及齿向。

图 5-11　RV 减速器中心轴啮合装配关键动作

在基于图像获取的预啮合位置,通过检测接触力实时监测在整个啮合试错过程中轴向接触力的状态(见图 5-12),通过检测接触力下降的瞬间识别正确啮合的特征。

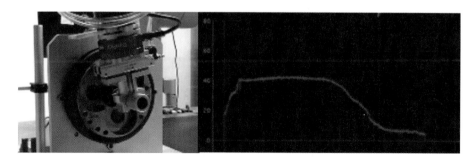

图 5-12　RV 减速器啮合试错过程中轴向接触力的状态

5.3 口腔正畸弓丝矫治器制备机器人系统仿真

正畸治疗以实现理想牙颌及颌面美观为目的,随着正畸治疗的日渐普及,患者对正畸治疗的要求也越来越高。近年来,舌侧隐形矫治方案在临床上得到了较多应用,尤其是在成人患者中[2]。然而相对唇侧治疗方案,舌侧矫治系统在应用中也存在一些缺点。由于舌侧牙齿表面参差不齐,舌侧正畸矫治器需要个性化的正畸弓丝。临床应用中,舌侧正畸用弓丝多由医师手工弯制,导致正畸治疗中存在较长的椅旁时间、高昂的人力成本,以及不稳定的制备精度。自动化技术和机器人技术的发展正不断启发着正畸弓丝制备方法从传统的手工弯制向高精度、自动化的方向过渡。将机器人技术运用到口腔正畸领域可满足个性化、高精度的口腔正畸治疗及器械制备的要求。

近年来,著者团队研发了一套弓丝矫治器制备机器人系统(见图 5-13),其硬件由安装在固定基座上的双六自由度机械臂作为操作单元和一对个性化设计的矫治器制备末端执行器[3-5]作为执行单元组成,软件部分基于 ROS 开发。

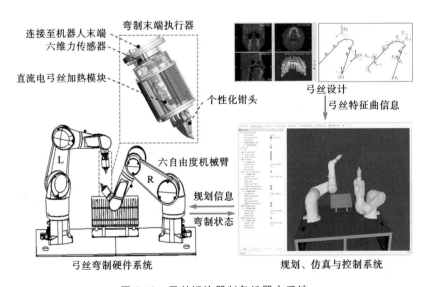

图 5-13 弓丝矫治器制备机器人系统

弓丝矫治器制备机器人系统仿真是通过由 ROS 提供的 Rviz 进行前端可视化显示,在底层关节运动控制器上借用由 Gazebo 仿真平台提供的 ros_control

真实物理环境仿真控制插件实现的。机械臂部分基于已创建的 tx90_description 功能包,同时创建末端执行器的模型描述文件 gripper_description,最终得到弓丝矫治器制备机器人系统的仿真场景,如图 5-14 所示。

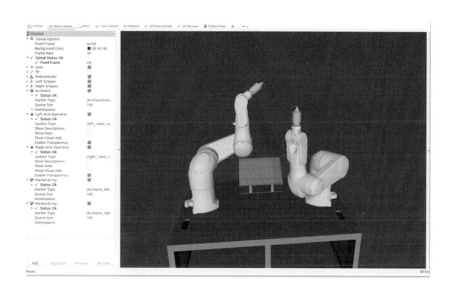

图 5-14　弓丝矫治器制备机器人系统仿真

5.3.1　可形变弓丝形态仿真

实际弯制仿真系统中的弓丝特征分为两类,已弯制的带特征曲的弓丝和待弯制的原始状态弓丝,原始状态弓丝还包括弓丝库中的弓丝。弓丝的形状时变及动态获取弯制夹持点使得弯制操作规划必须首先解决规划环境建模问题,而解决此问题的关键在于建立合适的弓丝弯制模型描述方法。研究中我们的解决思路是通过时序参数化模型来描述弓丝形状的变化。

通过对导出的弓丝描述文件[6]进行分析可知,目标弓丝上任意一点在三维空间中的位置是已知的,基于分段离散描述的思想,连续变化的弓丝可看作由若干段细小的直线段组成,在直线段间的折弯处发生变形形成不同形状的特征功能曲。对这些离散的细小段进行描述,设定弯制发生处为弯制控制点(bending control node),通过数据转换将弓丝变为从起点经由各弯制控制点 N_i 并最终连接末端点的链[7],如图 5-15 所示。弯制控制点可定义为

$$N_i = (\mathrm{len}, \mathrm{rot}_x, \mathrm{rot}_y, \mathrm{rot}_z)$$

其中:len 表示弓丝特征段的长度;rot$_x$、rot$_y$、rot$_z$ 分别表示弓丝特征段相对于前一段的方向角。

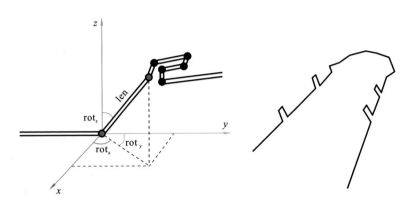

图 5-15 弓丝弯制控制点的定义

（黑色实线段为待弯制弓丝上的功能特征段）

从原始的直方丝来看,目标弓丝实际上是在每一个弯制控制点N_i处发生不同程度的弯折变形才形成最终的复杂形态,而弯折过程中,弓丝的变形也可近似看作绕着弯制控制点的定点旋转。由此我们联想到可将目标弓丝看作一个具有 n 段连杆并由弯制控制点连接的串联链,即类似于传统意义上的串联杆机械臂。每一个弯制控制点 N_i 的长度值定义了该连杆的长度,而相应的弯折段朝向参数 rot$_x$、rot$_y$、rot$_z$ 值则可看作各关节的角度值。复杂的弓丝形状可以通过一个首尾相连的链来描述。对其建立基于 MarkerArray 的弓丝位置发布节点 bending_point_array,Rviz 中的显示工具订阅/发布的弓丝状态即可实现弯折显示。图 5-16 所示为弯折过程中的弓丝形变状态仿真。

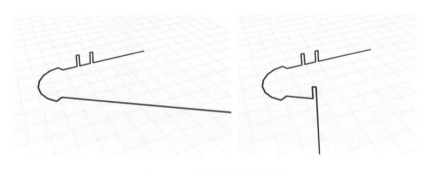

图 5-16 弓丝形变状态仿真

5.3.2　可形变弓丝弯制规划

为进行可形变弓丝对象的弯制规划,首先建立对象形变状态的描述方法,并在此基础上建立包含对象形变状态和机器人状态的联合空间。相关定义如下:对象形变状态用已定义的对象在任意时刻的形变状态 s 描述;机器人状态由状态向量 r 描述;基于各状态分量,定义操作过程中"机器人-对象"的联合状态为 $u=[r,s]^{\mathrm{T}}$;基于联合状态,联合规划空间可表示为 $U=[R,S]^{\mathrm{T}}$,并记 $U_{\mathrm{obs}} \in U$ 为"机器人-对象"与环境碰撞干涉或不满足机器人运动学、动力学约束或对象形变约束的非法联合状态空间集;定义机器人状态转换函数 $P(\cdot)$ 来表征机器人在操作动作 L 执行时的轨迹,机器人状态从 r_i 转换到 r_j 可表示为 $P(r_i,r_j):r_i \times P \to r_j$;对象形态变化是通过机器人的状态转换来实现的,基于机器人状态转换函数,定义"机器人-对象"的联合状态转换为: $P(u_i,u_j):u_i \times P \to u_j$。

操作驱动对象形态变化的任务是:在联合规划空间 U 内,对于一组由对象初始和目标形变状态组成的输入 $\{s_{\mathrm{init}},s_{\mathrm{design}}\} \subseteq S$,规划出联合状态转换序列:

$$u_0=[r,s_0=s_{\mathrm{init}}]^{\mathrm{T}}$$
$$u_i=P(u_{i-1},u_i),\quad i=1,2,\cdots,n$$

如果满足:

(1) u_n 的对象形变状态分量 $s_n=s_{\mathrm{design}}$;

(2) $\{u_0,u_1,\cdots,u_n\} \bigcap U_{\mathrm{obs}}=\varnothing$;

那么规划成功,所对应的机器人状态分量 r 为运动规划返回的机器人操作轨迹,记 $F_{\mathrm{Path}}=\{r_{\mathrm{init}}=r_0,r_1,\cdots,r_i\}$ 为机器人操作轨迹序列,形变状态序列 $\{s_0=s_{\mathrm{init}},s_1,\cdots,s_n=s_{\mathrm{design}}\}$ 为该操作实现对象形变的状态序列。

根据上述规划任务定义,本项目拟在联合规划空间中,设计一种基于双向快速拓展随机树(RRT-connect)的随机采样方法来实现对象形变过程和机器人操作的规划。RRT-connect 采样方法的核心是随机树的构建和拓展。如图5-17所示,在联合规划空间 U 中,规划器从起始联合状态 $u_{\mathrm{init}} \in U$ 以及目标联合状态 $u_{\mathrm{goal}} \in U$ 分别构建随机树 T_1 和 T_2,规划器在联合规划空间 U 内随机采样,产生两个随机状态 u_{rand}^1、u_{rand}^2,在现有随机树中分别搜索出和 u_{rand}^1、u_{rand}^2 最近的状态节点 u_{near}^1、u_{near}^2,然后基于设计的状态拓展函数拓展出新的联合状态节点 u_{new}^1、u_{new}^2,进行碰撞检测后加入随机树。反复进行上述随机采样及节点拓展过程,直到 T_1 和 T_2 中存在某两个节点的距离满足度量函数 ρ(通常用来表征形变操作精度),

此时 T_1 和 T_2 完成连接,规划结束并返回状态序列 $\{\boldsymbol{u}_0, \boldsymbol{u}_1, \cdots, \boldsymbol{u}_n\}$。

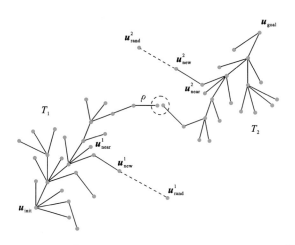

图 5-17　双向快速拓展随机树(RRT-connect)方法示意图[8]

　　按照前述的分析及方法,实现弓丝弯制规划所需的弯制规划器的结构框架如图 5-18 所示。具体包括:① 弓丝弯制任务模块,包括弓丝模型的参数化表达、弯制控制点序列的生成,以及弯制操作动作库的建立;② 弯制规划主模块,主要包括基于随机采样的弯制路径规划算法和基于环境模型的碰撞检测算法;

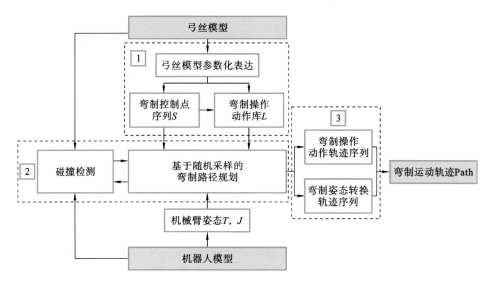

图 5-18　正畸弓丝弯制规划器结构框架

③ 轨迹序列生成模块,主要实现基于分段弯制策略的轨迹合成及基于时序的关节空间运动轨迹 Path(J) 的生成;④ 其他模块,包括物理模型管理以及规划信息管理等。

按照上述弓丝弯制规划器的结构框架,采用所设计的基于膨胀采样节点改进型随机搜索算法,以任务(action)的形式创建弓丝弯制规划器 bending_planner 功能包。具体实现:以由弓丝模型参数化表达得到的弯制控制点序列作为弯制规划器的输入,调用弯制规划器进行轨迹离线预规划[9],并将结果存储在 bending_traj.data 中。弯制规划器的核心弯制规划主模块实现规划的逻辑如图 5-19 所示。按照随机采样算法的特性,制定图 5-20 所示的弓丝弯制规划步骤。

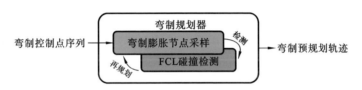

图 5-19　弓丝弯制规划器的核心弯制规划主模块的实现逻辑

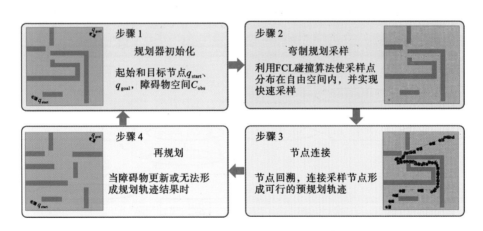

图 5-20　弓丝弯制规划器的弯制规划步骤

弯制轨迹规划首先针对当前规划环境进行规划器初始化 PlannerInit(),包括从弯制控制点序列中获取当前弯制规划的起始节点和目标节点,机器人状态以及弯制规划场景信息的初始化,弯制规划场景信息包括弓丝的弯制模型描述文件和基于时序的弓丝参数化模型。

随后在当前弯制规划场景下启动 FCL 碰撞检测进程,并采用设计的膨胀采样节点在规划空间内以目标点位置为导向进行随机采样,获取从起始节点到目标节点间的可行运动轨迹点;节点连接时参考采样节点的辅助信息,进行快速的弯制采样节点回溯,形成一条可行的弯制路径;弯制规划器根据机器人的状态和环境信息进行预规划轨迹的离线运动仿真,形成预规划结果并将轨迹数据导出存储。

最后,通过启动创建的路径规划器 bending_planner_server 以及导入的目标弓丝模型参数化表达所得到的弯制控制点序列,即可根据弯制环境配置完成弯制轨迹的离线规划。

图 5-21(a)所示为基于 ROS 实现的弯制路径离线规划程序,运行程序可实现弓丝参数化模型的参数读取并转换得到弓丝弯制控制点序列,随后调用弯制规划器的服务端进行轨迹的规划与生成,最终得到轨迹数据,存储在 bending_traj.data 中。在上述操作的过程中需要进行复杂的消息传递和管理,ROS 下的弯制规划器节点配置如图 5-21(b)所示。

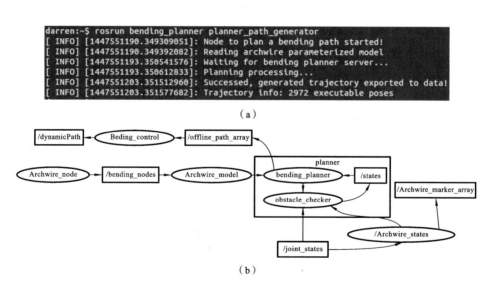

（a）

（b）

图 5-21　正畸弓丝弯制规划器

（a）基于 ROS 实现的弯制路径离线预规划程序；（b）ROS 下的弯制规划器节点配置

5.3.3　制备过程仿真

在 ROS 下创建的实现上述方法和仿真环境的功能包如表 5-2 所示。

表 5-2　弓丝弯制仿真功能包

功能包名称	作　　用
tx90_description	机械臂模型描述文件
tx90_kinematics	机械臂运动学模型
bending_planner	RRT-connect 运动规划器
gripper_description	末端执行器模型描述文件
archwire_description	弓丝模型描述文件
archwire_sim_controller	弓丝运动学模型
bending_system_gazebo	系统 Gazebo 配置功能包

在仿真平台搭建完成后,利用该仿真平台实现的功能与已有的弯制规划和弯制控制算法可完成弓丝弯制仿真实验。选取图 5-22 所示的弓丝作为弯制仿真实验的目标正畸弓丝,该弓丝由第一阶序列曲和第二阶序列曲组成,其中第二阶序列曲包括一个 L 形曲和三个垂直加力曲,第一阶序列曲组合形成牙弓形状。通过已建立的弓丝参数化表达模型可得到目标弓丝的参数化模型。

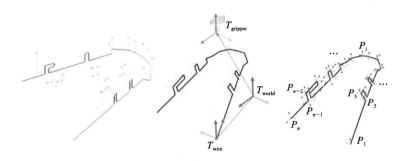

图 5-22　弯制的目标正畸弓丝及其参数化表达

弯制仿真的实验流程为,以参数化的弓丝模型作为弯制规划的输入,基于 URDF 模型的弯制规划环境设置并调用 bending_planner 弯制规划包进行弯制轨迹的离线预规划,通过调用 bending_control 弯制控制补偿包对弓丝弯制回弹及弯制夹持点进行修正,调整弯制路径中的弯制动作库。最后将得到的弯制路径以给定频率发送给弯制控制器,仿真系统执行弯制轨迹并得到动态可视化的弯制过程仿真。

基于 ROS 的弯制规划与控制的一般操作流程为,以弓丝参数化模型作为弯制规划的输入,调用已创建的 bending_planner 弯制规划包进行弯制轨迹的离线预规划,并将规划结果存储在 bending_traj.data 中;通过执行 URDF 中的模型加载操作,将弯制规划环境上传到 ROS 的参数服务器中,并通过运行 roslaunch 命令启动路径规划器的 bending_planner_server 和实现弯制控制补偿操作的 bending_control_server 等进程。

仿真平台的环境配置包括:URDF upload 操作的 robot_description 参数的读取,Gazebo 机器人仿真控制器的启动,弓丝可视化节点的启动以及弯制管理节点的启动。

仿真实验过程如图 5-23 所示。仿真平台上对弓丝弯制的成功仿真表明,相关方法和策略可有效控制机器人弯制系统,实现目标弓丝的弯制成形。弯制路径规划算法能够给机器人系统提供一条无碰撞的合理弯制路径,弓丝在弯制过

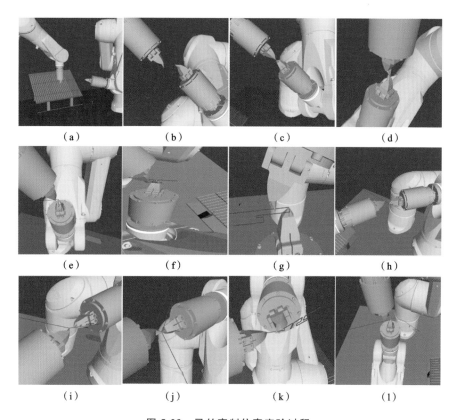

（a）	（b）	（c）	（d）
（e）	（f）	（g）	（h）
（i）	（j）	（k）	（l）

图 5-23 弓丝弯制仿真实验过程

程中能够成功无干涉地夹取并弯制证明了可变步长规划方法的可行性[9];通过在仿真过程中对弓丝变形的动态显示,可观察到弓丝夹持点位置修正算法发挥了作用,弓丝不会出现与钳头交叉的现象,即对应实体弯制时的硬干涉。目前的局限性是弓丝回弹现象涉及复杂的材料力学属性计算,仿真平台暂时无法验证,但相关策略及算法将在实体弯制实验中得到验证。仿真环境与实体机器人的物理弯制尚存在一定的差异,但相关工作的开展为后续的实体弯制实验提供了充分的理论验证和弯制指导。

5.4　仿人机器人系统仿真

近些年来,随着仿生学的进展、人口老龄化的加剧及"人-机-环境共融"理念的提出,仿人机器人的研究再次吸引了各国学者及研究人员的关注。与非足式机器人(如轮式机器人、履带式机器人)相比,仿人机器人行走灵活,具有特别的避障能力,还具有灵活的上下台阶能力及不平地面的适应性行走能力。与多足机器人相比,仿人机器人拥有更广阔的工作空间及应用前景,将会在医疗、服务、工业生产乃至航天等领域发挥重要的作用。

实现在复杂非结构化人居环境中的运动是仿人机器人研究的核心目标,是仿人机器人载体系统发展到高水平后必然要面对的问题,同时也是实现仿人机器人其他功能的基础。运动规划问题是实现仿人机器人在复杂人居环境中工作首先要解决的问题。整个运动规划过程主要包含路径规划和步态规划两个层次的内容,其中足迹规划是规划内容的核心。仿人机器人的足迹规划是一种基于环境信息的路径规划方法。从环境对运动规划约束的角度出发,仿人机器人在人居环境中的足迹规划主要包括两个方面的研究内容:环境感知和步行足迹规划。

本项目研究针对仿人机器人在人居环境中的运动规划,利用 Kinect 传感器建立视觉系统,对整个运动环境进行建模并对机器人进行实时定位。针对动态环境中可能存在障碍和目标移动规划出运动轨迹路径,基于足迹库模型生成有效的足迹序列并执行。在执行过程中,利用陀螺仪反馈机器人的姿态信息进行语义监控和异常处理。考虑尽可能逼真的人居环境仿真以及研究中采用的 NAO 机器人的使用便利性,整个操作过程选择在 Webots 仿真器中实现,包括 NAO 机器人、Kinect 传感器等硬件,最终得到的仿人机器人仿真场景如图 5-24 所示。

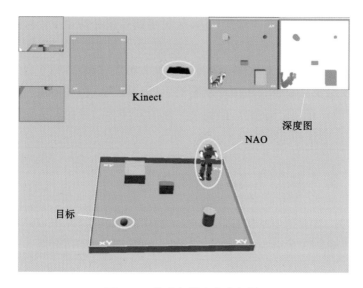

图 5-24　仿人机器人仿真场景

5.4.1　仿真环境工作空间创建

在 Webots 仿真器中,整个仿真环境由工作空间下的 World 描述和定义,类似前述 ROS 中的描述配置文件 robot_description。World 包含整个工作空间的描述信息,包括基本对象的几何属性、空间位置、外观、相互作用的方式及环境信息,如天空的颜色、远处的山、定义的重力和摩擦力等,也包括所有模型的初始状态。在 World 中不同的对象称为节点,并在场景树中分层组织。这些全部的描述信息存储在扩展名为 .wbt 的文件中,该文件格式是由VRML97 语言派生的,并且是可读的,存放在创建的 Webots 工作空间的名为 worlds 的目录下。

在图 5-25 所示的界面中[10],通过修改 RectangleArena 的几何尺寸和贴图配置,可以个性化设置模拟的人居环境;分别添加类型为 webots PROTO 中的"objects"下的"solids"下的 solidbox 节点、solidRoundedBox 节点,设置各个节点的几何尺寸和在 RectangleArena 中的位置;之后回到场景树窗口添加NAO 机器人节点,选择在 webots PROTO 下面的"robot"下面的"nao"下面的NAO(robot),修改 NAO 机器人的"translation"以及"rotation"参数,将添加的机器人节点的名称修改为 NAO,最终得到的 world 文件为 footstep_demo. wbt。

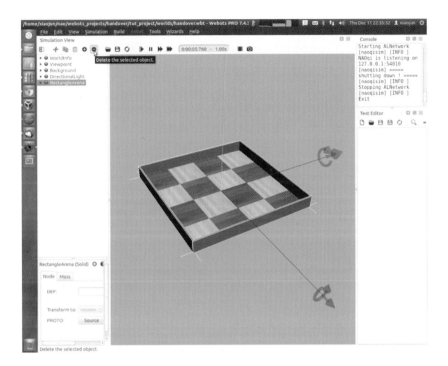

图 5-25　Webots 仿真界面(以 Webots 7.4.3 为例)

5.4.2　环境数字地图构建

仿人机器人导航与移动机器人类似,通常需要解决三个基本问题:机器人在哪、目标在哪、怎样到达目标。对于机器人自主决策,前面两个问题都需要通过环境感知来解决,包括定位和环境建模两个方面的内容。定位与环境建模是不可分割的一个整体。只有精准的环境模型才能保证机器人可靠定位,进而有助于高效地进行路径规划和决策,以解决"怎么到达目标"这个问题。研究中利用微软的 Kinect 传感器对环境活动区域进行实时扫描,并获取 RGB 信息和深度信息,再经融合构建出符合实验要求的 2.5D 数字地图,完成对环境的建模[11,12]。

5.4.2.1　虚拟 Kinect 创建

在场景树中添加节点,并在添加界面的 webots PROTO 中选择"sensor"下面的"kinect",修改"Fake_ceiling"参数,调整置顶安装的 Kinect 与地面的距离为 2.4 m,同步修改位姿的"translation""rotation"参数以及对应的图像输出预览窗口的尺寸,确保 Kinect 位于整个环境的正上方中心正视位。得到的创建虚拟 Kinect 后的仿真界面如图 5-26 所示[10]。

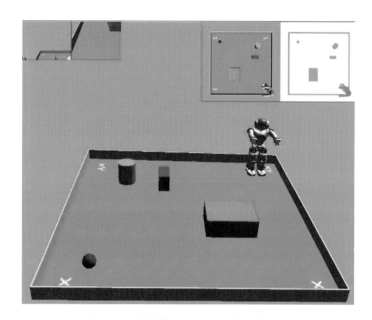

图 5-26　创建虚拟 Kinect 后的仿真界面

与所有的虚拟硬件一样,为了实现仿真中传感器的信息获取,虚拟 Kinect 需要对应的驱动程序。在 Webots 中对应的驱动程序被称为控制器,且对应的控制器程序存储在"controllers"目录下。

为虚拟 Kinect 创建控制器,需要在菜单栏的"Wizards"下选择创建新的机器人控制器。Webots 支持的控制器编程语言类型为 C、C++、Java、Python 和 Matlab,这里我们选择 C 语言,并将文件命名为 kinect_reader。默认状态下 Webots 会创建好一个控制器的基本模板文件。

编译成功后,在场景树中找到"kinect"节点(Fake_ceiling robot)下的"controller"属性设置项,默认状态下显示为"controller void";在界面左下侧选项卡中找到"Select…"按钮,在弹出的对话框中选择创建的"kinect_reader",点击"OK"确认完成。

5.4.2.2　物理 Kinect 连接和标定

在 ROS 下连接物理 Kinect 需要安装对应的驱动包,我们推荐由 freenect_stack 提供的功能包,该功能包基于开源的 Libfreenect,可以获取原始 RGB 和点云等数据,并将其发布为符合 ROS 规范的标准化消息。

驱动安装的具体步骤如下:在终端中使用 git clone 指令在如下地址下载最新的源代码包 https://github.com/ros-drivers/freenect_stack.git,并将其放入 src 空间中完成编译。针对具体硬件环境的安装,可参阅 freenect_stack 的官方维基文档或说明。

将 Kinect 插入使用的主机或工作站上,开启一个终端启动 roscore,重新开启一个新的终端,运行如下指令:

```
$ roslaunch freenect_launch freenect.launch
```

重新开启一个新的终端,开启 image_view 来预览传感器输出结果:

```
$ rosrun image_view image_view image:=/camera/rgb/image_color
```

正常情况下,用户能够看到开启的 image_view 界面,并接收到 Kinect 捕捉的实时 RGB 数据流。需要注意的是,对于采用 USB 3.0 连接的情况,如 Kinect v2,可能会出现无法正常启动 Kinect 的情况,这时候可以通过设定 udev rules 来解决,在终端中运行如下指令:

```
$ sudo cp ../platform/linux/udev/90-kinect2.rules /etc/udev/rules.d/
```

随后重新插拔一次 Kinect 即可。关于其他的一些异常,可查阅 freenect_stack 的问题排除页面,或者自行寻求其他协助。

为完成仿人机器人在人居环境下的步行导航,需要获取机器人当前的位置,一般我们取当前支撑足的平面坐标,以及环境中障碍物的位置和高度。故单个地图特征点的数据格式为(x, y, h),其中(x, y)是特征点相对于机器人的足迹行走平面的二维坐标,h 描述的是该坐标点的高度。我们将这样的地图数据称为 2.5D 环境数字地图,其文本描述文件如图 5-27 所示。

从图 5-28 所示的 Kinect 传感器拆解图可知,Kinect 传感器配备了两组摄像头:一组采用 RGB 摄像头,用来采集彩色图像;另一组采用一个由红外线发射器和红外线 CMOS 摄影机构成的 3D 结构光深度摄像头,用来采集深度(depth)数据,即场景中物体到摄像头的距离。与所有的视觉测量一样,为了获取单目摄像头拍摄到的图像与三维空间中的物体存在的简单线性关系,我们需要建立 3D 到 2D 的映射(mapping)关系,并矫正镜头畸变误差,所以需要对 Kinect 传感器的 RGB 摄像头和深度摄像头进行标定。

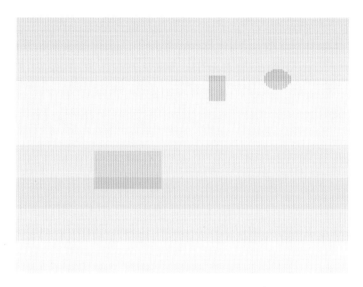

图 5-27　2.5D 环境数字地图的文本描述文件

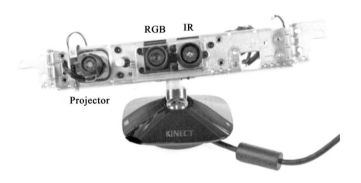

图 5-28　Kinect 传感器拆解图[13]

　　一般采用的标定法是棋盘格法(张正友标定法),其基本的原理是假定模板平面在世界坐标系 $Z=0$ 平面上,摄像头内参数矩阵符合公式(5-1),其中 $[X\ \ Y\ \ 1]^{\mathrm{T}}$ 为模板平面上的齐次坐标,$[u\ \ v\ \ 1]^{\mathrm{T}}$ 为模板平面投影在图像平面上对应的齐次坐标,$[\boldsymbol{r}_1\ \ \boldsymbol{r}_2\ \ \boldsymbol{r}_3]$ 和 $\boldsymbol{t}$ 分别是摄像头基坐标系相对于世界坐标系的旋转矩阵和平移量[14]。

$$s\begin{bmatrix}u\\v\\1\end{bmatrix}=\boldsymbol{K}\begin{bmatrix}\boldsymbol{r}_1&\boldsymbol{r}_2&\boldsymbol{r}_3&\boldsymbol{t}\end{bmatrix}\begin{bmatrix}X\\Y\\0\\1\end{bmatrix}=\boldsymbol{K}\begin{bmatrix}\boldsymbol{r}_1&\boldsymbol{r}_2&\boldsymbol{t}\end{bmatrix}\begin{bmatrix}X\\Y\\1\end{bmatrix} \tag{5-1}$$

根据旋转矩阵的特性 $r_1^T r_2 = 0$ 和 $\| r_1 \| = \| r_2 \| = 1$，能够获取两个内参数矩阵的基本约束：

$$\begin{cases} H = \begin{bmatrix} h_1 & h_2 & h_3 \end{bmatrix} = \lambda K \begin{bmatrix} r_1 & r_2 & t \end{bmatrix} \\ r_1 = \dfrac{1}{\lambda} K^{-1} h_1 \\ r_2 = \dfrac{1}{\lambda} K^{-1} h_2 \\ h_1^T K^{-T} K^{-1} h_2 = 0 \\ h_1^T K^{-T} K^{-1} h_1 = h_2^T K^{-T} K^{-1} h_2 \end{cases} \quad (5\text{-}2)$$

当图像数目大于 3 时，可以求解出 K，实际中一般会采集 10 幅以上的图片。研究中我们使用了 ROS 提供的开源 camera_calibration 包来完成 Kinect 单目 RGB 摄像头的标定。camera_calibration 包能与任何满足标准 ROS 相机接口的相机驱动程序节点一起工作。在实施标定工作前，须确保满足如下条件：

（1）大棋盘标定板尺寸已知。本书实例使用的标定板是带有边长为 100 mm 正方形的 14×10 棋盘。标定时使用棋盘的内部定点，14×10 棋盘的内部定点参数为 13×9。

（2）工作区域照明良好，无障碍物，并确保在摄像头视场内每个棋盘格边长不能少于 10 个像素。

（3）单目摄像机的照片能够由 ROS 发布，并适应标准 ROS 相机接口。

为完成标定，在终端运行如下指令：

```
$ rosrun camera_calibration cameracalibrator.py - - size 13x9 - -
square 0.1 image:=/camera/rgb/image_color camera:=/camera
```

随后将会启动标定界面并实时显示摄像头捕捉到的画面。为了获得良好的校准，与 Camera Calibration Toolbox、Halcon 等软件工具中的引导式标定程序一样，需要移动棋盘，以保证棋盘格填满整个视野，并在任一方向上倾斜，以使标定窗口中被识别到的高亮特征最多且最清晰。当移动棋盘时，可以看到标定界面侧边栏上的 X、Y、Size 三个条形块的长度逐渐增大，当"CALIBRATE"按钮亮时，表明已经有足够的数据进行标定，可以单击"CALIBRATE"完成参数计算。标定完成后，可以在终端中看到标定的结果，并在窗口中看到加载标定参数之后的摄像头输出图像。如果对标定结果满意，单击"SAVE"按钮或者"UPLOAD"按钮，保存此次标定结果，并将结果保存为 .yml 格式的文件。该文件可以通过 camera_info_url 加载到标准 ROS 相机驱动程序中。

5.4.2.3　2.5D 环境地图构建

在完成环境地图构建前,我们需要对 Kinect 采集的 RGB 和深度数据进行处理,研究中主要的处理步骤包括:畸变矫正、去噪、RGBD 数据匹配和深度数据递归还原。为完成上述操作,我们创建 kinect_merge_map 功能包。该功能包除依赖一些基础包外,还依赖 OpenCV 库。kinect_merge_map 功能包分为两个部分,一部分是运行于 Kinect 控制器中的仿真器代码,另一部分是运行于 ROS 下连接物理 Kinect 传感器的 ROS 端。当然,通过创建由 Webots 到 ROS 的 webots_bridge 功能包,也能够实现 ROS 端与 Webots 端的消息传递,但 kinect_merge_map 功能包仅可存在于 ROS 端。为完成环境地图构建,在终端中运行如下指令:

```
$rosrun kinect_merge_map image:=/camera/rgb/image_color fake_
kinect:=false
```

通过将 fake_kinect 参数设置为"false",我们可调用物理 Kinect 传感器的数据,并最终得到图 5-29 所示的实际场景的数字地图构建的可视化结果,其中图 5-29(c)所示为最终的 2.5D 地图,将其转化为数值形式即为图 5-27 所示的文本描述文件样式。

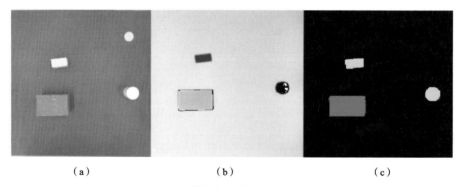

（a）　　　　　　　　　（b）　　　　　　　　　（c）

图 5-29　实际场景的数字地图构建的可视化结果

（a）彩色图像；（b）深度图像；（c）得到的 2.5D 地图

5.4.3　仿人机器人足迹规划仿真

5.4.3.1　基于采样的仿人机器人足迹规划

仿人机器人在复杂环境下的运动规划有完整的数学描述,在复杂非结构化环境下的仿人机器人足迹规划问题有两个重要概念:足迹位形空间和足迹转换模型。这两个概念从数学表述上面定义了足迹规划的模型。

当仿人机器人由其中一足支撑时,足迹的落地区域由一组落地足迹中心位置可以到达的区域构成,如图 5-30(a)所示。足迹转换模型是该可达的区域按照一定的规则选择若干"支撑足迹-落地足迹"对的组合,如图 5-30(b)所示。从几何角度来看,足迹转换模型就是可达落地足迹和支撑足迹的相对几何关系描述,但这个简单的几何关系蕴含了足迹转换的驱动及约束模型,是机器人位姿约束条件映射在足迹上的表现。一般来说,对于同一个环境,可达落地足迹越多,规划出来的足迹转换越平滑。不难理解,可达落地足迹数量越多,机器人备选的落地位置分布也越连续,规划的结果也越优化;反之,可达落地足迹越少,在某些规划的环境中,规划算法可能无法在备选的落地位置上找到一个可行的足迹转换序列,从而导致规划失败。

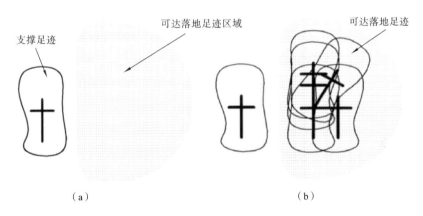

可达落地足迹区域

可达落地足迹

支撑足迹

（a） （b）

图 5-30 足迹转换模型示意图[10,15]

足迹规划是仿人机器人在全局环境约束下的路径规划,足迹序列的生成过程是一个足迹拓展的过程。仿人机器人的足迹规划器按以下模式运行:在足迹转换模型的驱动及约束下,足迹规划主模块在足迹空间内构建以起始足迹为根节点的搜索树,并通过在足迹空间内采样来拓展搜索树,直到搜索树中的某个足迹节点到达规划目标区域,上述足迹回溯至起始足迹的足迹序列即为规划器得到的规划结果。在规划过程中,碰撞检测模块基于环境信息、机器人模型和足迹转换轨迹信息进行碰撞检测,剔除搜索树中的非法足迹。上述过程在超出规划指标要求时失败,如超过规划时间上限或最大搜索遍历节点数或最大采样次数等。

在第 2.4.1 节中我们介绍了基本的 RRT 随机采样规划方法,此处我们引入多类 RRT 随机采样规划方法,将其应用于仿人机器人的足迹规划,算法的具体细节可参阅对应的资料[15, 16]。最终将足迹搜索算法转换为可用的库文件 planner.so。

为完成上述操作,我们创建 footstep_planner 功能包,该功能包除依赖一些基础包外,还依赖 kinect_merge_map 包和 planner.so 库。footstep_planner 功能包读取实时的 2.5D 地图数据得到环境信息、机器人当前的足迹位姿、目标点的位姿;调用足迹规划器得到一个从起点到终点的、满足机器人运动约束条件的足迹规划结果;并将该结果保存在名为 finalstep.txt 的文件中。对于一个具体的目标环境,在终端中运行如下指令:

```
$ rosrun footstep_planner planner:=rrt target:=finalstep
```

该指令设定当前使用的随机采样器为标准 RRT,存储目标足迹规划结果的文件名称为 finalstep,如果 finalstep.txt 文件存在则替换,否则重新创建。

5.4.3.2　足迹序列仿真

为实现足迹序列仿真,与创建 Kinect 控制器的操作类似,我们为 NAO 机器人创建对应的控制器,编程语言设置为 Python,并将控制器命名为 biped_walking。biped_walking 主要完成两件事情:从 finalstep.txt 文件中读取规划完成的足迹序列结果,将其显示在 Webots 中;根据足迹序列转换得到机器人的关节轨迹,并发送给机器人执行。具体的操作为:启动 Webots 程序,并加载 footstep_demo.wbt 得到创建好的仿真环境,如图 5-31 所示。

需要说明的是,从软银官网 NAOqi 支持文档中可知,Webtos 2019 之后的版本不再支持 NAO 机器人开发套件 Choregraphe 的连接,所以如果要连接 Choregraphe,必须使用 8.x 系列版本。目前软银机器人商店里面最新的版本是 Webots 8.2.1。Choregraphe 为初次接触 NAO 机器人的开发者提供了最容易上手的集成开发环境,不用写代码,通过简单的拖动指令盒即可实现说话、动作、移动、识别、情感表达等基本功能及其组合。但从实际仿人机器人仿真操作来看,Choregraphe 并不是不可替代的,用户通过 NAOqi 提供的 API,基于 ROS 开发环境可以自行开发对应的接口程序,实现与 Webots 或 Gazebo 的集成。本书中对此部分的内容不再详细展开。

对于这部分的研究内容,我们以 Webots 7.4.3 为例。当 Webots 程序正常启动以及 NAOqi 正常运行时,可以启动 Choregraphe 连接机器人。选择

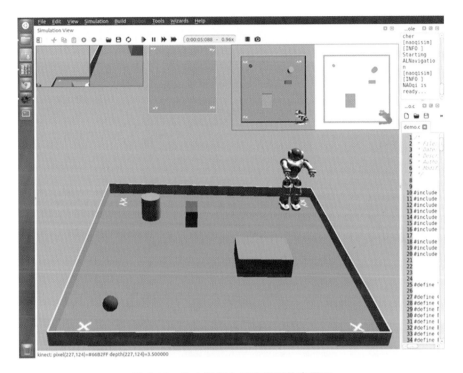

图 5-31　仿人机器人足迹序列仿真界面

Choregraphe 工具栏中的连接("Connect to")按钮(类似信号强度标志的绿色按钮)进行连接,在出现的对话框中会出现机器人可以连接到的虚拟机器人的相关信息,在此我们选择端口为 9559 的虚拟机器人,并记录下当前机器人的 IP 地址,如此例中为 172.20.15.76;连接成功后 Choregraphe 的右下角的机器人视图中的机器人颜色变化为 Webots 中机器人颜色,姿态为"init"姿态。

　　在 ROS 中创建 biped_walking 功能包,该功能包依赖 rospy,使用 Python 作为编程语言,通过 NAOqi 的 Python 版本完成对 NAO 机器人的控制。整个机器人的控制指令流为:基于 NAOqi API 开发的 biped_walking 功能包发送关节运动控制指令,借助在 Choregraphe 和 Webots 中创建的控制器之间的通信,完成对虚拟机器人关节的控制。利用 biped_walking 功能包中的 demo_joint_calculated.py 完成机器人足迹到机器人关节空间的转换,path_plot.py 完成可达足迹结果和当前机器人足迹的可视化。在终端中运行如下指令:

```
$ roslaunch biped_walking biped_walking_demo webots:= true
```

其中的 Webots 参数设置为"true",表示当前为仿真状态。最终得到的足迹序列仿真结果如图 5-32 所示。

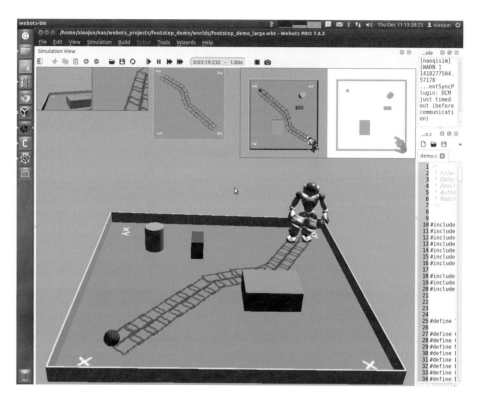

图 5-32 仿人机器人足迹序列仿真结果

5.5 软体爬行机器人系统仿真

软体机器人在医疗、工业等领域有诸多应用。为了进一步展示软体机器人仿真方法,此处我们设计了一个仿生软体机器人爬行场景。在本实例中,基于已设计的软体爬行机器人,通过控制通入软体爬行机器人腔体内的气体压力,驱动软体爬行机器人产生相应的形变,对该软体爬行机器人气动驱动的爬行过程进行仿真及验证。

5.5.1 软体爬行机器人的形态学设计与建模

在本实例中,基于仿生学进行软体爬行机器人的形态学设计。软体爬行机器人的三维几何模型如图 5-33 所示,包括支撑软体爬行机器人爬行的四足和内部驱动软体爬行机器人产生形变的四个腔体。软体爬行机器人内部的腔体相互连通,并通过气管与外部气源相连接。在软体爬行机器人运动过程中,通过控制输入腔体的气体压力来控制软体爬行机器人的运动。一般来说,相对于传统刚性机器人,软体爬行机器人具有更高的自由度,能够更好地适应复杂的环境。

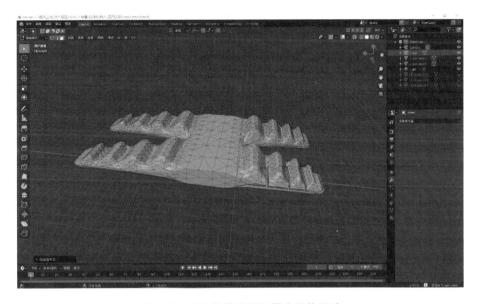

图 5-33　仿生软体爬行机器人结构设计

基于软体爬行机器人的形态学设计,得到软体爬行机器人的三维几何模型文件 craw. vtk 及腔体表面网格文件 surf. vtk。使用 Gmsh 软件对软体爬行机器人的表面网格进行空间离散化,得到四面体单元网格信息,如图 5-34 所示。软体爬行机器人可通过模具进行制备,材料可选择为硅胶。

通过向软体爬行机器人腔体通入不同压力的气体,来控制软体爬行机器人的形变特征,从而驱动软体爬行机器人向前爬行。

5.5.2　软体爬行机器人仿真

在软体爬行机器人爬行仿真过程中,向软体爬行机器人腔体内通入不同压力的气体,驱动软体爬行机器人产生相应的形变,从而使得软体爬行机器人向前爬行。

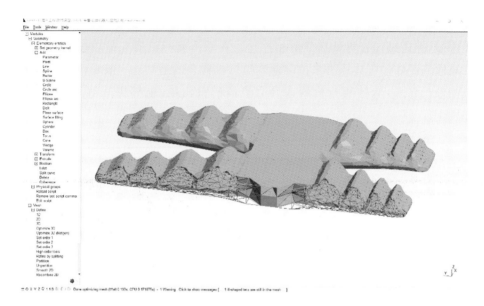

图 5-34　仿生软体爬行机器人四面体单元网格信息

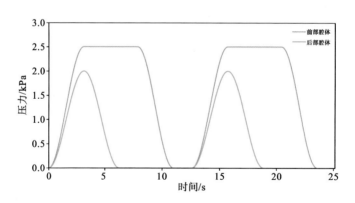

图 5-35　软体爬行机器人的驱动气体压力曲线

　　向软体爬行机器人腔体内通入驱动压力周期性变化的气体,压力值随时间的变化曲线如图 5-35 所示。在这里要说明的是,施加压力是一种能够驱动软体爬行机器人工作的方式,并非最优的。软体爬行机器人的形态学设计、驱动控制,可通过专门的理论模型进行优化,在本章节中不再展开,读者可参阅相关文献资料。

　　软体爬行机器人的仿真结果如图 5-36 所示。软体爬行机器人内部腔体受到气体压力作用发生形变,驱动软爬行体机器人的四脚向下弯曲;当驱动气压下降时,腔体逐渐恢复初始形状,使软体爬行机器人的四脚伸张。如此往复驱动软体爬行机器人,使其向前爬行。

图 5-36   软体爬行机器人爬行仿真结果

5.6   本章小结

在这一章,我们选取工业装配和医疗器械制备两个机器人典型应用案例,从实现系统功能角度说明如何基于 ROS 仿真完成系统的设计、功能开发和实验测试。

通过这些案例的实现,读者能逐渐了解到在实际机器人应用中 ROS 作为各类工具和功能框架的集大成者,能够显著降低程序开发的工作量,提高代码可重用性,如案例中共用了机械臂的建模、运动规划和控制功能包;运动规划部分共用了 RRT 规划功能包和 MoveIt! 操作框架;连接机器人、摄像头、力传感器等硬件共用了驱动包、ROS-I 功能包等;仿真器部分展示了针对具体的需求,选用 Rviz、Gazebo、Webots 还是 Bullet。总之,基于 ROS 平台,这些工具包都可以连通并为机器人仿真项目所用,而作为开发者,只需要熟练掌握这些工具包的功能特点和运行模式,然后架起不同工具之间的桥梁,它可能是两个不同数据或消息类型之间的转换,也可能是两个接口之间通信协议的转换,抑或是与硬件之间的通信。

本章参考文献

[1] HE R T, ROJAS J, GUAN Y S. A 3D object detection and pose estimation pipeline using RGB-D images[C]// Proceedings of 2017 IEEE International Conference on Robotics and Biomimetics. New York: IEEE, 2017: 1527-1532.

[2] SCUZZO G, TAKEMOTO K. 隐形口腔正畸治疗[M]. 徐宝华,译. 北京:中国医药科技出版社,2005.

[3] 深圳先进技术研究院. 口腔正畸器械制备机器人及其机械手: CN201410083066.1[P]. 2015-06-03.

[4] 郭杨超. 正畸弓丝弯制机器人末端执行器设计与轨迹规划的研究[D]. 哈尔滨:哈尔滨工业大学,2014.

[5] XIA Z Y, DENG H, WENG S K,et al. Development of a robotic system for orthodontic archwire bending[C]// Proceedings of 2016 IEEE International Conference on Robotics and Automation (ICRA). New York:IEEE, 2016.

[6] LI Z W, GAN Y Z, TAN J L, et al. A computer-aided visualization system for orthodontic treatment[C]// Proceedings of 2014 4th IEEE International Conference on Information Science and Technology. New York: IEEE, 2014: 841-844.

[7] 邓豪. 口腔正畸弓丝弯制系统路径规划与弯制控制的研究[D]. 哈尔滨:哈尔滨工业大学,2015.

[8] KUFFNER J J, LAVALLE S M. RRT-connect:an efficient approach to single-query path planning[C]//Proceedings of 2000 IEEE International Conference on Robotics and Automation (ICRA). New York: IEEE, 2000: 995-1001.

[9] DENG H, XIA Z Y, WENG S K, et al. Motion planning and control of a robotic system for orthodontic archwire bending[C]// Proceedings of 2015 IEEE/RSJ International Conference on Intelligent Robots and Systems (IROS). New York:IEEE,2015.

[10] XIA Z Y，WANG X J，GAN Y Z，et al. Webots-based simulator for biped navigation in human-living environments［C］//Proceedings of 2014 IEEE International Conference on Robotics and Biomimetics（ROBIO 2014）. New York：IEEE，2014：637-641.

[11] 李煌. 基于 RGB-D 信息的仿人机器人动态足迹规划研究［D］. 北京：中国科学院大学，2016.

[12] LI H，XIA Z Y，XIONG J，et al. A humanoid robot localization method for biped navigation in human-living environments［C］//Proceedings of 2015 IEEE International Conference on Cyber Technology in Automation，Control，and Intelligent Systems（CYBER）. New York：IEEE，2015：540-544.

[13] BURNS M. Videos：the best Kinect hacks and mods one month in［EB/OL］.［2020-12-10］. https://techcrunch. com/2010/12/07/videos-the-best-kinect-hacks-and-mods-one-month-in/.

[14] Zhang Z. A flexible new technique for camera calibration［J］. IEEE Transactions on Pattern Analysis and Machine Intelligence，2000，22（11）：1330-1334.

[15] 夏泽洋. 基于采样的仿人机器人足迹规划研究［D］. 北京：清华大学，2008.

[16] XIA Z Y，XIONG J，CHEN K. Global navigation for humanoid robots using sampling-based footstep planners［J］. IEEE/ASME Transactions on Mechatronics，2011，16（4）：716-723.